善战

孙子兵法中的高维博弈

墨子连山◎著

开明出版社

图书在版编目（CIP）数据

善战：孙子兵法中的高维博弈 / 墨子连山著.
北京：开明出版社，2025.5. -- ISBN 978-7-5131
-9582-9
Ⅰ.O225
中国国家版本馆CIP数据核字第2025AC2538号

责任编辑：卓 玥

书　　　名	善战：孙子兵法中的高维博弈
出 版 人	沈　伟
著　　者	墨子连山
出 版 社	开明出版社（北京市海淀区西三环北路25号青政大厦6层）
印　　刷	保定市中画美凯印刷有限公司
开　　本	710mm×1000mm 1/16
成品尺寸	170mm×240mm
印　　张	15.5
字　　数	219 千字
版　　次	2025年5月第1版
印　　次	2025年5月第1次印刷
定　　价	78.00元

印刷、装订质量问题，出版社负责调换。联系电话：（010）88817647

前　言

小时候逢年过节一大家子人聚会，饭桌上大人们喜欢逗小孩。最常问的就是，你们长大想做什么？

一群弟弟妹妹里面，有想当老师的，有想当科学家的，还有人说想当领导，逗得大家哈哈大笑。最后轮到我，那时候正看《三国演义》小人书看得入迷，说将来只想战死沙场，马革裹尸。吓得全家人一起捂住我的嘴。那之后再没人问过这个问题，但那个回答却在心里扎了根，萦绕不去。直到现在，我仍旧觉得这是中国男人最大的浪漫。在以后的工作和生活中，"征战沙场"这个假想目标似乎总在冥冥中引导着我，有意无意地去研究了不少"实战"技能，仿佛一直在为走上沙场那一天做准备。

例如我痴迷运动，尤其是竞技性集体运动，足球、篮球、手球，对抗性越强玩得越起劲，因为那是没有硝烟的战场。从小学开始打篮球，初中做过当家球星，高中却进不了大名单，后来一步步打到核心控卫（负责组织球队进攻的角色）。之后读大学，出国，回国工作，创业，一路走来，始终没有远离球场，角色也从分卫（负责跑位得分的角色）变成控卫，从队员变成队长，最后索性当起了教练。

其实很小的时候我就读过《孙子兵法》（又名《孙子》），当时只觉得文字很酷，至于内容则云里雾里，懵懵懂懂。直到后来上过场，带过队,再回去读,才恍然大悟,原来人家说的是这个意思。

例如所谓阵法,不就像篮球里的站位?什么时候人盯人(一个人负责防守一个对手),什么时候守联防(与人盯人相对应,一个人负责防守一个区域),什么时候二三联防(一种防守站位,内线两个人,外线三个人),什么时候又要三二联防(另一种防守站位,内线一个人,两个底角各一个人,弧顶两个人)?

人家有强点,守联防容易被错位单打。人家挡拆(一种篮球基本战术,队友挡住防守人员,迫使对方换人防守)多,人盯人防线就要被打成筛子。人家突破多,三二联防篮下空了被人家得分。人家有外线,二三联防两个底角就会被人家投成三分球训练。5V5的篮球尚且如此,何况几十万人的两军对垒?

类比之后一下子就明白了军阵的重要。

体验积累得多了,终于有一天我开窍了,就像堵了多日的马桶忽然通开,那一刻甚至能感觉到脑子里哗啦啦一阵水响,这大概就叫醍醐灌顶吧。

当然,现在回想起来,那时只算是"通"了,但还不"透"。因为还有很多细节缺乏实践,拿不到一手体验,总似雾里看花,不够真切。例如为什么军队不绕开关隘直接攻击都城?为什么步兵那么怕骑兵?为什么私藏铠甲是谋逆大罪要满门抄斩,但私藏兵器却问题不大?

为了解开这些疑问,我开始骑马,后来一发不可收,参加过环湖骑马拉力赛,去内蒙古草原跟牧民转过场,甚至还带回一匹马驹,自己租了院子养马。

这时才知道,马在古代战争中究竟是怎样一种存在。

后来我还不满足,又去练习射箭,定制了仿唐代的明光铠,以及仿宋代的步人甲。弓马娴熟之后,还玩过具装骑射,大太阳下面顶盔贯甲骑马游击。

前 言

自然也体会到了烈日照在那铁罐头上如烤箱般的温度，然后方知，原来"卸甲风"并不只是个传说，是真会要命的。试过用刀砍盔甲，也穿着盔甲让人用刀砍过，然后方知，有甲对无甲，无异于单方面屠杀。

有了这些体验，再回头看《孙子》就不再抽象，眼前会有一幕幕画卷展开，黄沙百战，残阳如血。

那些原本停留在画像里的名将们仿佛也鲜活起来，从二维纸片化身为有血有肉的人。他们拥有人性的一切弱点，但他们足够坚韧，拒绝成为欲望的奴隶，而是选择征服欲望，成为它的主人，并驱使欲望为己所用。这正是他们的伟大之处。

为了验证自己的理解，我在后来的创业过程中不断实践，调整迭代，逐渐验证了《孙子》中的整套方法论。于是，我将这么多年在各个领域的实践经验以及心得体会总结出来，跟大家分享。

读书的收获大体可分为三类，第一类是获取专业知识，例如教科书。第二类是获得情绪价值，与书中的人物同悲同喜，例如小说。第三类是突破认知，读到某一处时恍然大悟，不自觉地脱口而出，"原来还能这样"。那么，你能从这本书里收获什么呢？我所期待的是，6分认知，3分情绪，1分知识。为什么如此定位？因为《孙子》本身是一本战争教科书，不论结构还是内容，都紧紧围绕着战争展开。如果直接解读，缺乏相关背景知识的读者不仅很难将其套用到实践中去，甚至会觉得读起来味同嚼蜡，难以为继。与其如此，倒不如通过我的个人经历，结合历代名将事例，把它变得用户友好一些。毕竟，只有愿意读下去，然后才谈得上有所收获。作为一本战争教科书，《孙子》包含了大量关于战争的知识，诸如《行军》《地形》《火攻》等篇章，但这些内容对于绝大多数读者并没有实际用途。可有些人非要将战争教科书生搬硬套到管理、商战、博弈中，牵强附会的结果只会驴唇不对马嘴，扭捏造作如跳梁小丑，徒增笑柄。虽然《孙子》中的内容无法直接运用于工作生活，但其中的很多底层原理却是相通的。尤其对于管理者而言，书中揭示的很多管理底层逻辑会让人耳目一新，仿佛打开了一扇新的门，这就是所谓的认知突破。因此，我把这本书定性为6分认知。

诸位不妨先读故事部分，引人入胜的情节让人更容易读进去，读完故事趁热打铁去读注解。如此穿插着读便不觉枯燥。经典浓缩了智慧，常读常新。加上作者几十年的人生阅历和管理经验，读得太少恐怕要错过很多精彩之处。

目录

始计篇　名将的管理从预算开始

开始的前提是敬畏 / 003

用"五事七计"盘自己 / 005

高效能将领的自我修养 / 008

锚定战略后不要摇摆 / 011

先把利益谈明白再讲感情 / 013

削弱敌人就是增长自己 / 015

为何谋士都爱提上中下三策 / 017

作战篇　讨价还价的战争艺术

打仗的兵从哪里来 / 021

逐渐演变的征兵制度 / 024

名将打仗照样饿肚子 / 026

兵贵神速：战争有多烧钱 / 028

比失败更可怕的是折腾 / 031

时刻记得自己最初的目的 / 033

谋攻篇　冷兵器时代的战争

　　多数人都有肉搏恐惧症 / 037

　　弓弩射不透铠甲还有用吗 / 041

　　刀才是战场非主流 / 044

　　钝器：小锤四十，大锤八十 / 047

　　古人力气比现代人大吗 / 049

　　不动手不是因为尿 / 052

　　不要让控制欲"硬控"了自己 / 055

军形篇　不失误才能赢得总冠军

　　不要低估战马的战斗力 / 061

　　能保住命才有人上战场 / 066

　　头可断，阵型不能乱 / 071

　　打好"零失误"的组合拳 / 075

　　不败神话，管理巨星 / 078

兵势篇　不懂棋谱必然是臭棋篓子

　　古代战争为什么要屠城 / 083

　　名将最会乘人之危 / 091

　　激水漂石：试错、迭代、量变质变 / 094

　　史上最能打的名将 / 097

虚实篇　布自己的局，下对手的套
　　骑兵对步兵的降维打击 / 105
　　可以忙，不可以"穷忙" / 113
　　越是名将套路越深 / 116
　　从没有一招鲜吃遍天的好事 / 118

军争篇　名将都是节奏大师
　　有节奏，才不会被带节奏 / 125
　　摒弃"暴饮暴食"式管理 / 129
　　帝国双翼的矫健飞行 / 132

九变篇　领导力不是权力，是影响力
　　权力运行的底层逻辑 / 141
　　君命有所不受 / 146
　　长平之战：君臣博弈名场面 / 149

行军篇　一将无能，累死三军
　　行军中的吃喝拉撒 / 161
　　魔鬼藏在细节中 / 165
　　好学生更容易成为名将 / 171

地形篇　越接近战斗细节越多
　　　　战场之外的战场 / 177
　　　　有便宜就要占尽 / 183
　　　　吃对手的饭，打对手的人 / 186
　　　　老好人是做不好管理的 / 191

九地篇　想使人挨打，先使人落单
　　　　分裂敌人就是加强自己 / 195
　　　　战略堂堂正正，战术出其不意 / 202
　　　　将统一战线做到极致 / 205

火攻篇　科技是乘法
　　　　名将打仗时刻不忘回本 / 215
　　　　最适合普通人学习的名将 / 218

用间篇　顶级名将对决靠的是信息差
　　　　信息差就是生产力 / 225
　　　　不见血的战争对决 / 229
　　　　将军可以不搞政治，但不能不懂政治 / 233

《孙子》简明十三条 / 236

《始计篇》

名将的管理从预算开始

篇名"始计"二字,"始"即开始,这好理解,关键是"计"。计字从言从十。十的甲骨文是一个绳结,指"结绳计数",所以这个字与数字有关。但是又从言,说明是要用嘴巴说的。因此,计这个字演化至现代,就是我们在公司里经常要做的"讨论预算"或者"可行性分析"。任何一场战争,不管最终决定打还是不打,第一步永远都是"讨论预算",因此称始计。

开始的前提是敬畏

> 孙子曰：兵者，国之大事，死生之地，存亡之道，不可不察也。

不论哪个朝代，战争都是大事中的大事，因为这关系到人民的生死，国家的存亡，我们不得不怀着敬畏之心去分析每一个细节。

为什么第一句话就说了这样一个大道理？战争是大事，这谁不知道，有必要煞有其事地单独拿出来说吗？然而，当你对这个提醒心存怀疑，就已经能够说明，你本身对战争并没有足够的敬畏之心，还没有读懂背后深意，就已经迫不及待地妄下结论了。假设你马上要做一场性命攸关的手术，医生给了两瓶药，叮嘱术前务必记得喝，否则可能影响到手术的效果。这时候你会第一时间质疑医生说的是废话吗？绝对不会。相反，你还会紧张兮兮地问人家，这药有什么作用？术前多久吃？错峰吃还是一块儿吃？吃了之后要注意什么？这才是敬畏之心。

那这句话背后的含义究竟是什么呢？

人作为一种动物，虽具理性，但始终仍是短视的。这是生物长期演化的结果，并不以个人意志为转移。因为我们的祖先绝大部分时间处于饥饿状态，活下去是他们的唯一目标。在这种目标的筛选下，我们更倾向于"今朝有酒今朝醉"，今天能不能过得去还不知道，谁会在乎明天呢？所以，人都倾向于关注眼前利益，而容易忽视后续风险。

没打过仗，你便会惯性倾向于"未必会输吧"，没上过战场，我们便会倾向于"未必会死吧"，这种侥幸心理正是失败的开始。可以说，只要心存侥幸，这场战争就已经输了。纸上谈兵的故事大家都听过，主角赵括是赵国名将赵奢之子，从小就学习兵法，曾与父亲谈论军事，赵奢挑不出毛病，但也不夸他。赵括的母亲很奇怪，问赵奢为什么不夸儿子。赵奢说："兵，死地也，而括易言之。使赵不将括即已；若必将之，破赵军者必括也！"[1]用现在话说，就是赵奢说战争是关乎生死的大事，而赵括谈论起来却好像闹着玩，毫无敬畏之心。如果赵国不任命赵括为将领也就罢了；如果一定要任命他，将来必然坏事。果然，后来秦赵长平之战时，赵王以赵括代替廉颇，最终惨败，赵卒被坑杀40万，赵国从此一蹶不振。虽然这一战的背后是秦国倾举国之力数年的谋划，这一点我们后面讲白起时还会具体分析，但赵括能欣然受命，入必败之局，足见赵奢知子莫若父。赵括对战争的认知确实存在偏差，最终也只能落得个身败名裂，几千年来都是反面典型。有了这个前车之鉴，后人怎么还敢不慎重？

---

[1] 出自《史记·廉颇蔺相如列传》。

用"五事七计"盘自己

故经之以五事，校之以计，而索其情：一曰道，二曰天，三曰地，四曰将，五曰法。道者，令民与上同意也，故可以与之死，可以与之生，而不畏危。天者，阴阳、寒暑、时制也。地者，远近、险易、广狭、死生也。将者，智、信、仁、勇、严也。法者，曲制、官道、主用也。凡此五者，将莫不闻，知之者胜，不知者不胜。故校之以计，而索其情，曰：主孰有道？将孰有能？天地孰得？法令孰行？兵众孰强？士卒孰练？赏罚孰明？吾以此知胜负矣。

端正态度后，我们已经能战战兢兢、如临深渊、如履薄冰地对待战争，下面就要真正开始讨论预算了。怎么讨论呢？孙子给了一个框架，从道、天、地、将、法五个方面进行讨论。

道，就是"为何而战"，也就是现在企业常说的"使命"。很多人认为这是个虚得不能再虚的东西，没事整这些虚头巴脑的有什么用？然而，这东西不但有用，而且是一切假设的基础，如果没有这个"终极目标"，我们根本没有办法开始，因为没有目标就没有动机，更谈不上行动。

任何一支伟大的军队，必然拥有坚定的使命，其中最典型的莫过于我们的红军了吧？一没有枪，二没有粮，始终被围剿，朝不保夕，在如此险恶的条件下，在如此令人绝望的环境里，是什么让这支军队翻雪山，过草地，一直走下去，直到最后的胜利？红军战士们恐怕不是为了封侯拜相，也不是为了锦衣玉食，如果是为了上述种种，他们大可以投身军阀，再不济也可以远山深居不问世事。但红军战士们没有，所以支撑他们走下去的不可能是金钱与权力，而是建立一个"没有剥削没有压迫的新中国"。结果大家也看到了，他们创造了人类战争史上一个又一个伟大奇迹，直到新中国成立，中国人民从此站了起来。

不只是军队，任何一个团体，一个公司、一个部门、一个球队、一个班级，如果成员们能够拥有彼此和谐的价值观，共同追求一个目标，把周围的人当作战友而不是敌人，同舟共济，那么他们必定会迸发出令人难以想象的力量，使得一加一远大于二。而反过来呢？各行其是，互相拆台，那就只能是一盘散沙，乌合之众。有人想往东，有人想往西，两股力量相抵消，人越多阻力反而越大，最后只能原地踏步，任何风吹草动都会让他们立刻土崩瓦解。这就是"道"的意义。

"天地"指客观条件。雨天还是晴天，冷还是热，春夏秋冬什么季节，这是"天"。距离远还是近，易守难攻还是易攻难守，视野开阔还是狭窄，能否获得水源粮食补给，想撤退是否有退路，这是"地"。想象一下，如果你是一名普通士兵，将军宣布要大夏天跨过沙漠去远征，烈日当头，还没有水源，此时你怎么想？是不是觉得呜呼哀哉，这一遭必定有去无回！既然是死路一条，那为什么不想办法去寻一条生路呢？能跑则跑，跑不了就干脆反了。这就是陈胜吴广揭竿而起的朴素理由："等死，死国可乎？"

因此，天、地这些客观条件在古代绝不是说说而已，以当时的组织能力，很多败仗并不是败于敌人的强悍，而恰恰是被客观条件打败。雨天行军有多苦？浑身湿漉漉，一身泥巴，肚子饿得咕咕叫，结果道路泥泞，粮草还没跟上，谁心里能没有怨气？这时候，很可能一个人没忍住大骂一声就会引发连锁反应，整个军队的怒火被点燃，结果就是一哄而散，导致全军溃败。这种"一声吼"在古时候还有个专门的名词，叫作"营啸"。都有专属名词来指代了，可见并不罕见。

那么如何把将领自身具备的素质落实到练兵管理的客观环境上呢？答案是靠制度，也就是最后的这个"法"。

"曲制"是部队编制，"官道"是职级划分，这两个加在一起，就相当于现在公司里面的"组织架构"。"主用"是军需管理制度，也就是公司里面的制度流程。

"智信仁勇严"都是将领的个人素质，也是一个领导核心必然具备的框架，有了框架，就要开始按照框架去设定预算的各种前提假设了。假设的时候要注意，这五个方面不能有遗漏，而且大家对所有假设的认知必须拉齐，现在流行叫"对齐颗粒度"。否则你认为这样，他认为那样，最后只能落得个鸡同鸭讲。这个拉齐认知的过程，就叫作"校之以计"。不但要比较，而且要经过讨论，这正是"计"的关键所在，重点就在于相互交流，互通有无。

把假设确定好，我方情况和敌方情况全部讨论清楚，并且得到所有人认可之后，剩下的是做敌我双方逐项对比。双方谁的价值观更符合广大人民的利益，谁的使命更清晰，谁的"为何而战"更明确？谁的将领更有智慧，更具威信，对士兵更仁爱，更勇于担当，军纪更加严明，训练更加严酷？谁的客观条件更有利，谁占了天时，谁占地利？谁的制度更严密，执行更到位？谁的兵力强？谁的士兵更加训练有素？谁的赏罚更加分明？通过这些比较，打之前，就已经可以分析出胜负了。

这种穿透千年的战略推演框架，恰恰是现代管理者最稀缺的自我审视工具。我们不妨用"五事"给自己做一次组织诊断：我们的"道"是否凝聚了公司全体成员的共识？我们的"天"是否有望把握新技术的窗口期？我们的"地"是否能形成"超级工厂"，完成产业链闭环？还可以用"七计"的标尺丈量管理精细度——在OKR制定会上，必须像军事推演般追问：我们的用户价值主张比竞品清晰多少个百分点？核心团队的能力图谱在行业处于什么分位？供应链的响应速度与友商相差几个工作日？现金流储备是否支持下一季度的价格战？这种基于数据的"校之以计"，本质上是用SWOT分析武装过的"庙算"思维。管理者像战将沙盘推演那样，逐项拆解每一片作战地图，胜率自然一目了然。

高效能将领的自我修养

战争讲求"天时地利人和",天时地利都是客观条件,我们可以加以利用,但无法改变。而只有这个"人和"是我们可以主观努力的方向,而"人和"的关键就是"道天地将法"之中的"将"。孙子对将的要求,就是"智信仁勇严"。

最重要的是智,为什么?因为将存在的意义就是召之即来,来则能战,战则必胜。怎么胜?靠的就是这个"智"。"智"不是奇谋妙计的小聪明,而是运筹帷幄的大智慧。整部《孙子》用了十三篇的篇幅,其实都是在讲这个"智",试图告诉我们"将"何以"智"。做好了"智",才能胜,而对于一支军队而言,没有什么能比一场胜利更能够激励士气的了,如果有,那就是两场。不只是军队,对一个公司、一个部门也是一样的道理,怎样才能把大家凝聚起来?什么文化宣传、会议、团建,这些都是"远水",解不了"近渴",如同隔靴搔痒,不够直接。倒不如把精力集中起来,打好一场促销战,做成一个项目,打赢一场比赛。胜利带来的激励远超任何其他形式,而能够带领大家走向胜利最直接的因素就是将领的"智"。

其次是信,令行禁止,言出必行。例如孙子杀吴王宠妃立威的典故。当年孙子觐见吴王阖闾,献上兵书十三篇,吴王看后赞不绝口。为了考察孙子实际带兵能力,他选了100多名宫女给孙子操练。孙子把宫女分为左右两队,指定吴王两位宠妃为队长,又指派自己的随从任军吏,负责执行军法。起初宫女们不当回事，嬉戏打闹以致队形大乱。孙子便召集军吏，根据军法要斩两位队长。吴王见孙子动真格要杀宠妃，马上派人传达命令求情。孙子则毫不留情地拒绝了，说出了那句著名的"臣既然受命为将，将在军中，君命有所不受"。最终还是斩了两位队长，然后任命新队长继续操练。再次击鼓发令时，众宫女闻鼓则进，闻金则退，阵形严整，一举一动都符合规矩。吴王从此信服，拜孙子为将军，最终成为春秋五霸之一。[1]

这种军法无情的典故在历史上比比皆是。战争本就是残酷的，你讲人情，敌人可未必讲人情，为了一个人而葬送一支军队、一个国家，这种仁就叫妇人之仁，因而有"慈不掌兵"之说。将领就是要树立绝对威信，当赏则赏，当罚则罚，军中无戏言。尤其冷兵器时代的战争，双方比拼的是"结阵"能力。"结阵"就是让部队在战场上维持一些事先训练好的特定队形。因为当时组织能力和通信条件极其有限，必须把士兵通过密集阵型紧密地整合在一起，唯有如此才能保证指挥的有效性。只要阵型不散，军队就难败，即便被迫撤退也不会有太大损失。当然，撤退时能保证阵型不乱也只有少数名将才能做到，关于这一点我们后续展开讲。既然是密集阵型，那么这里面的每一个士兵就都很关键，谁也不能掉链子。一个士兵乱了，很可能带动整个阵型就乱了，阵型乱了就意味着溃败，四散逃跑的士兵只会在惶恐中成为待宰羔羊。篮球打区域联防（每个人负责一个区域，相邻区域互相补位）也是应用此理，对方一个掩护（用身体挡住原本的防守队员，使其无法跟上原本要防守的队员），如果己方协助防守的队员跟不上，那就形成了空位，防守就被打穿了。球场上无非是输球，但战场上可是要丢命的，这就是为什么要做到军令如山，因为关乎成千上万人的性命。

再次是仁，所谓爱兵如子，可不是嘴上说说那么简单，也不是表演装装样

---

[1] 出自《史记·孙子吴起列传》。

子。要知道，上战场就是去玩命，有人跟你装样子，你会为他卖命吗？你不会，古人自然也不会，大家都不傻。上战场玩命这事儿离咱们有点远，恐怕很难想象，那就用公司做个类比吧。你会心甘情愿经常加班吗？如果不加班，能做到8小时工作时间兢兢业业干活，从来不摸鱼吗？有人说还是钱没到位，给加班费我指定使劲加。可是熬时间就一定能出活吗？大家恐怕心里都清楚，这里面有多少是装样子给领导看的。所以，钱只是一个方面，钱可以买你坐在那的时间，但是买不来你干活的心思。怎么才能买来干活的心思？只靠钱没用，还需要用真心来换。老板把员工当兄弟，急他所急，想他所想，员工才能把老板当大哥。一个公司，只有大家成为兄弟，干起活来才能斗志昂扬，业绩才会蒸蒸日上。如何才能做到仁呢？参考孔子的话，发挥我们的共情能力，坚持"己所不欲勿施于人"，便可以做到仁了。

仁之后是勇。老子说"勇于敢则杀，勇于不敢则活"，意思是要把"勇"和"敢"区分清楚。不怕死是勇吗？还真不一定，顶多算"敢"。它是勇的必要条件，但不是充分条件，否则那些自杀的也都成了"勇"。那如何算勇呢？勇于任事，勇于成事，才叫勇。团队里最怕的就是有人"平时袖手谈心性，临危一死报君王"，这种不但不是勇，反而是彻彻底底的懦夫。自己一死了之或者撂挑子走人倒是省事，可将士性命、百姓安危、公司上下的生计又由谁来管呢？这种人既不配军中为将，也不配做公司领导。

最后是严，可以对照着前面的"仁"来理解。平时训练多流汗，上了战场少流血，这就是严，同时也是仁。平时疏于训练，士兵娇生惯养，甚至高温不开练、下雨不出操，这样是仁吗？这叫"妇人之仁"，是最不负责任的仁，是以仁的名义坑害士兵性命。相反，严格的纪律，残酷的训练才能带领士兵走向胜利，才能带着他们活着回来。只有这种"严"才是真正的"仁"。

锚定战略后不要摇摆

> 将听吾计，用之必胜，留之；将不听吾计，用之必败，去之。

讨论预算时，大家可以各抒己见，畅所欲言。但是，一旦预算定下来了，那么所有人就必须围绕着预算制定战略，这时就不允许再有人跳出来提反对意见。不然一会你反对这一点，一会他又反对那一点，反对来反对去，永远纠缠不清，仗还打不打了？既然给了大家发言机会，当时也没有人提出异议，那么过了这个村，就没有这个店了，剩下的唯有执行。

所以，将领必须服从这个"计"，也就是预算。如果不服从呢？那就毫不留情地请他走人。因为留下也是祸害，有这种人在，战略、计划、配合就都无从谈起，留下必败，所以要坚决将他们扫地出门。

不论古今，人性总是相通的。跨越千年的演变后，这类人又换了副身份活跃在当下的职场里。大家会发现，每个组织结构里总有那么几个执行拉拉扯扯、态度含糊不清的"摇头党"，即使心里对公司计划有意见，也从不跳出来明目张胆地否定，只做些看似谨慎，实则推卸责任的小动作。讨论具体执行时，不管谁提出什么方案，他们往往长吁短叹，一个劲地摇头挑毛病，这也不行，那也不好。如果要他出个方案，他又支支吾吾，说不出个所以然。计划确定开始执行了，一旦中间遇到点小挫折，这些人马上跳了出来，言必称"当初但凡听我劝"，动辄就是"我早说过这不行"。需要合力共举时他常唯唯诺诺，有机会拆台泼冷水时他肯定重拳出击。如果你是项目负责人，可千万不要在这类人的摇摆中丢失了主心骨。如果他们一说你就动摇，推翻之前所有计划从零开始，那么这个项目恐怕永远做不成。任何计划都不可能做到万无一失，在推进的过程中遇到问题，解决问题，快速迭代，是任何项目都必然要经历的过程。只要保证大方向没问题，克服困难走下去，哪怕走得慢一点，也总比不停推倒重来回到原点要好得多。

更可怕的是，如果陷入了这群人营造出的氛围之中，不但项目做不成，用不了几天，团队也会人浮于事。因为不断地推倒重来，不但否定了自己，更否定了团队所有人的努力，只有这些"摇头党"从中得到了成就感。努力工作成了错误，摇头反而成了功劳，那大家何苦还要努力，都学着摇头不就行了？人心一散，就再也收不回了。任何对"摇头党"的姑息，都是对奋斗者的伤害。作为管理者不但要处理那些不执行计划的人，更要对这些阳奉阴违的"摇头党"斩草除根，以儆效尤。

先把利益谈明白再讲感情

计利以听，乃为之势，以佐其外。势者，因利而制权也。

如果预算讨论下来，打这场仗对我们有利，我们就要坚定不移地打。决定开战之后，要做的第一件事是"为之势"，用现在的话说，就是制定战略。战略的目的是"以佐其外"，用现在的话说，就是把预算中我们的优势继续扩大，而对我们的劣势尽可能补齐短板。

战略所围绕的，就是预算中我们所要获得的"利"，一切行动都要围绕着既定利益展开，这就叫"因利制权"。

有人可能又觉得这是无比正确的废话了吧，谁还不知道制定战略要围绕着利益呢？如果你参与制定过公司战略，恐怕就不会觉得这是废话了。战略是什么？战略是取舍，是对各种可能的路径进行不停精简，最终只留下一条最优路径的过程。如何精简路径？答案就是永远围绕着唯一目标去下判断，帮助大的留下，帮助小的淘汰。否则这也想要、那也想要，最后反而什么都得不到。这个目标就是孙子所说的那个"利"。

我小时候下象棋，见到能吃的子就控制不住手，于是每每因为贪吃陷入被动。后来人家教了我一句棋谚，叫"宁丢一子，不丢一先"，那之后我才算入了象棋的门槛。下棋比的是谁先将死对方，而不是比谁剩下的子多。所以，每走一步我们要考虑的不是吃子吃个爽，而是如何才能快人一步将死对方。著名古棋谱《橘中密》中就有一个名局，叫作"弃马十三招"，顾名思义，就是上来先放弃两匹马，之后又通过一系列弃子争先，最后用十三步把对方将死。这就是战略的取舍。

削弱敌人就是增长自己

兵者，诡道也。故能而示之不能，用而示之不用，近而示之远，远而示之近。利而诱之，乱而取之，实而备之，强而避之，怒而挠之，卑而骄之，佚而劳之，亲而离之。攻其无备，出其不意。此兵家之胜，不可先传也。

规划好"势"，也就是制定了战略之后，就要开始进行沙盘推演，梳理作战计划了。梳理的原则是什么？就是这个"诡道"。你做的一切，其目的只有一个，那就是不停削弱敌人。敌人被削弱一点，我们就积累一点优势，不断积少成多就会量变引起质变，最终取得战争的胜利。

主要方法就是迷惑敌人，有实力却让他轻视你，准备用兵却让他以为你不会开打，准备攻打近处却让他以为你要攻远处，要攻打远处却装作要攻打近处。敌人贪小便宜，就用小便宜引诱他；他阵脚乱了，就乘机攻取他；他实力强，就避其锋芒；他易怒，就挑逗他发火使其失去理智；他谦卑谨慎，就使他骄傲自大放松警惕；他休整得好，就骚扰他让他疲惫；他内部团结，就离间他们使之分裂。总之就是要出其不意攻其不备。

虽然战前作沙盘推演制定作战计划时，已经尽可能地把所有因素考虑了进去，可战场瞬息万变，再完美的计划也赶不上战场的变化。所以，制定计划的目的只是帮助团队梳理思路，尽可能地预想可能发生的情况，让大家做到有备无患。但这绝不意味着鼓励教条主义，还是要按照战场形势，实事求是、因地制宜地调整计划，这就叫"不可先传"。

好比下棋，平时训练需要打谱，熟记棋谱，理解棋谱，这样上场比赛开局才不会出问题。但到了一定水平，双方都熟记棋谱，若一味按谱行棋，最后往往只能是和棋。想要赢，就要在理解棋谱的前提下主动脱离棋谱，甚至故意露出破绽诱使对方上当。陷阱战术在象棋里俗称"飞刀"。一旦对方中了飞刀，局势就在我们的掌控之中。而什么时候设置陷阱，设置什么样的陷阱，对方会不会上当，这些棋谱上当然不会写，而胜负也恰恰取决于这些谱外因素。否则就变成了单纯比拼谁棋谱背得更熟，也就失去了博弈的乐趣。同样，当对方脱离棋谱时，我们也必须随机应变，不能拘泥于棋谱，否则只会陷入被动，甚至走向败局。

为何谋士都爱提上中下三策

夫未战而庙算胜者,得算多也;未战而庙算不胜者,得算少也。多算胜,少算不胜,而况于无算乎?吾以此观之,胜负见矣。

战争从来不是从打第一枪时开始,而是当战争的可能性出现时,就已经开始了。所以,以上这些内容本身已经是战争的一部分,我们叫它"庙算"。

而战争从庙算开始就已经在分胜负了,考虑周全、计算周密的胜;考虑不周全,计算不周密的不胜。而那些根本不讨论预算,不制定战略,不进行沙盘推演,没有作战计划的呢?那就一点胜算也没有,所以,看庙算的水平就可以知道战争的走向了。

我之前看到有人提问说,自古谋士们为主公献计,为啥总喜欢把建议分为上中下三策呢?"上中下三策"在历史上确实有,而且还不少,尤其在"创业"团队里面最常见,也并非是杜撰。但别看电视上演得热闹,卧龙凤雏侃侃而谈,主公在一旁听得如痴如醉,实际上根本不是那么回事。真实情况应该什么样呢?如果放到现代,其实就是职业经理人跟老板汇报项目方案,老板拍板做决策的过程。谋士就是古时候的职业经理人。拍板不能漫无边际地乱拍,所以可行性方案中谋士要遍历所有假设条件,然后根据不同假设去推演后续可能的结局变化,这个过程就是我们前面讲到的"计"。

但是可能性太多了,罗列成选项,选项越多越难选择;选项得不到简化,老板还是没法拍板。简化的结果就是"上中下策",放到现代,这玩意就是乐观版、现实版和保守版的三版预算。有了这三个版本的预算,老板就可以拍板了。

但是也有人发现了,谋士一番论述,主公频频点头,最后做决策的时候却常常放着上策不选,而偏偏选那个下策,这是为什么呢?老板倒是也想做乐观版,但里面的假设条件他实在做不到。想得到乐观版的结果,就得先搞定乐观版的资源。乐观版里面一通分析,预估销售额是10个亿,诱人吧?可对应的费用预算需要1个亿,而且可能仅仅是广告费,先砸钱后出结果那种。钱砸出去是真没了,但业绩是不是真能有可不好说。这么大风险,如果你是老板,愿意承受吗?没人愿意。退一万步说,就算你愿意承受风险,那1个亿的广告费你去哪搞?所以上策压根就不是给老板选的,就是给个参考。

谋士是什么角色?他是职业经理人。公司倒了,老板倾家荡产,跟他有关系吗?没有。他轰轰烈烈干一场,干出了名堂,有的是公司会高薪挖他。他与公司并非生死与共,他有退路,所以更倾向于拿老板的资源去豪赌,甚至都不能叫赌了,简直可以叫慷他人之慨嘛。以至于他们给出的上策都偏理想化。

老板可就不一样了。公司和资源都是自己的,不到万不得已干吗要压上身家性命玩把大的?所以,老板通常都会选择保守预算,收益少但风险也小,留得青山在,不怕没柴烧。就这样,下策反而成了最佳选择。

《作战篇》

讨价还价的战争艺术

"作"就是准备开始的意思。现代人大多只能通过电脑游戏实践战争理论，这就容易产生一种错觉，以为成吨的粮草、上万的士兵都是轻点几下鼠标就能凭空造出来的，然后鼠标指到哪里，这些兵就跑到哪里，没有一个掉队，不会有人叫苦，更不可能有什么哗变。放在古代，如果真有一支这样的军队，那这位将军可真成了"先天名将圣体"，就连皇帝也免不了要开始忌惮了。

事实上，真正的战争往往要面对无数的细节问题，例如兵源问题，征战沙场的兵都从哪儿来？别说找人为你卖命打仗，就是凑五个人打篮球你能保证一定找得到吗？有了人，吃饭问题就接踵而来，10万人的大军，1天就要消耗30万斤粮食，这些粮食又从哪来？稍有不慎就是一笔糊涂的经济账。

打仗的兵从哪里来

春秋及以前，有资格参与战争的只有"国人"——住在诸侯"国"里面的人。国字在甲骨文中的形象就是一个被围起来的区域。最早四周是护城河，后来逐渐演变为城墙。起初，一座城就是一个国。后来生产力发展，人口开始向外辐射，一个国会管辖多个城，国君所在的城逐渐演变为都城。

当时规定了各等级城市的周长：周天子的王城十二里（一说九里），诸侯国的都城，大国的九里（一说七里），次一级的七里（一说五里），小国的五里（一说三里）。里这个单位历代有变动，按 500 米来换算，王城周长也不过 6 000 米。一个九里的城，周长 4 500 米，假设为四方形，一边也就是 1 125 米，整个城相当于现在一个大型居民小区，并且里面的房子还是平房。这么大点的城，里面住不了多少人。其中有贵族也有平民，不过就算是平民，也多少都跟贵族沾亲带故。最典型的如"曹刿论战"，一个平民为什么可以找到鲁国国君面陈利弊？因为他家曾经也是贵族，只不过没落了，才变成平民，但仍旧跟鲁国国君沾亲带故，依然是"国人"。

当然了，"国人"才能参军这条规定也不见得有多严格。城发展得好，人口增加，城里住不下搬到城外挨着城住着的也算国人。但再远一点应该就没有国人了。如果突然出现了一些不知来历的人，就统称"野人"。他们不但不参与打仗，打起仗来不趁火打劫就不错了。要知道那个年代打仗，国家负责提供武器和粮草，国人当兵打仗是义务，不发军饷，最多阵亡将士家属给予抚恤金。

等到战国时期，随着战争规模扩大、频率增加，对士兵的需求也直线增加，人实在不够用了，于是只有"国人"才能打仗的规矩逐渐被打破。

说到这里，常有人发出疑问，为什么看记载西周时期动辄就是百万人级别的大会战，补充的人口能赶得上消耗的吗？我们后文会提到，西周的战争规模堪比大型运动会，双方指定时间、指定场地、指定流程，有观察员、裁判，哪边被打退就算败了。败了就签协议认输，既不杀人，也不夺地，只要你服输就行。

到了春秋时期就不一样了，大家开始撕破脸玩真的，把对方往死里打。灭国无数，不过好在死的人还不算多。时间推进到战国，又进化出了另一番景象。为什么叫战国？因为这时几乎所有国家都处于战争状态，而且跟春秋时期遮遮掩掩的吞并不同，此时已经是明火执仗的灭国之战了，一旦战败，就是举国覆灭。国家没有了，意味着国家分封的所有贵族也不存在了，贵族所拥有的土地随之丧失，依附于这些土地的农民也就没了生计。这使得战争的结果捆绑着国内每一个人的切身利益，是生死攸关的大事。在这个大背景下，各国自然无所不用其极，动员一切可以动员的力量。因为力量现在不用，以后也就没机会用了，所有人都没得选。

著名的秦赵长平之战，双方倾巢而出，总兵力超过百万，最终秦军以损失过半的代价惨胜收场。白起为什么要坑杀赵国降卒四十万？因为双方都已弹尽粮绝，再也没有粮草养活那么多人。不但养不活，秦军战后已是强弩之末，这么大规模的俘虏他们根本就无法管理，除了坑杀没有第二条路可走。从接下来的邯郸之战也可以看出，赵国已再拿不出青壮年参战，可见长平之战确实已经把赵国打空。一个几百万人口的国家，倾举国之力调动几十万军队，这没什么不合理。我们不能拿太平盛世的常备军力跟战国时期做对比，要比也要拿朝代末期的乱世做对比。例如明末的农民起义，又例如清末的太平天国，鼎盛时期兵力都超过百万之众。如此看来，战国那种乱世，战争规模上百万也就不难理解吧？

此外，战国时代七雄并立，缺少了中央集权统一调配资源，生产力水平比后世的大一统王朝差了不少。这也就导致国家无法供养大规模常备军。因为军人都是壮劳力，参加常备军不但不能种地还要额外消耗粮食，里外里造成的粮食缺口任何国家都难以承受。于是只能让他们平时在田里耕作，大战前征兵，粮食兵器由士兵自给自足，这种条件下兵员的素质也就可想而知了。

大家都是生瓜蛋子，靠什么取胜？只能拼数量。秦王请王翦攻楚，他为什么非要六十万大军否则不去？因为他太了解当时的战争形势了，没有这么多兵，仗根本打不赢。那为什么秦王不愿意给他六十万人呢？因为六十万是秦国当时能够调动的全部军队！让王翦全带出去，秦王不就是赌上了身家性命吗？后世的常备军就完全不同了，他们脱离生产，常年进行专业化军事训练，其战斗力说以一敌十也不为过。这一点可以参考吴起为魏国训练的魏武卒，五万人就可以打崩秦国几十万人，大小数十战未尝败绩。这就是专业对业余的实力碾压，后世的常备军大体也是这个等级。综合考虑战争残酷性和士兵素质，周朝末期动辄百万人的大会战也就不难理解了。

逐渐演变的征兵制度

战争越打越大，各国赌得也越来越大。秦国通过商鞅变法大搞军功爵制，直接把本国的战争动员能力推向了巅峰。这种制度下不但人人都可以当兵，而且只要立功均可按功封爵。从前士兵仅仅是为了保护原有的土地而参战，这下士兵不但可以保护原有土地，更可以立功封爵获得额外的土地。凭借制度优势，秦国很快就形成了对其他国家的降维打击，快速崛起，最终扫灭六国，一统天下。可以说，秦国第一个发明了"全员持股"制度，爵位其实就等同于现代公司的"股份"。后来汉承秦制，只是简化了军功爵制，西东两汉采用的都是征兵制。

到三国时期，战乱愈频，征兵来的军人无法被及时放归田间从事生产，军队粮草捉襟见肘。曹操听取建议，设置屯田校尉，开启了军屯制。平时没有战事，征兵来的军人就地屯田，生产之余进行操练。这样既不耽误打仗，也解决了粮食问题。

南北朝以及隋唐时期进一步发展屯田，形成了府兵制。与屯田制相似，府兵平时下农田，战时上战场，粮草军备自给自足。不同的是府兵拥有土地，并且军官世袭，似乎又回到了"国人"出征的春秋时期。因为自给自足，所以大大减轻了中央政府的财政负担。而且有恒产者有恒心，府兵保家卫国的信念绝对坚定。这两个优势造就了大唐一骑绝尘的军事实力。但有一利必有一弊，因为府兵世袭且自给自足，这就导致他们对中央政府依赖较少，久而久之军府贵族势力抬头，各自割据一方难以约束，最终走向五代十国的天下大乱。

宋太祖赵匡胤黄袍加身后吸取前代教训，废弃府兵制，改为募兵制，这是募兵制首次大规模登上中国历史舞台。但从结果看，也可以说是最失败的一次尝试。所谓募兵制，就是花钱雇人打仗。反过来看，来参军的也只为领工资，拿到工资就想着怎么保命，毕竟有命赚没命花的事人家才不干。这也导致"兵无常将，将无常兵"，"兵不知将，将不知兵"。好处是确实不会再有藩镇割据，坏处是很难打胜仗。甚至在汴梁保卫战时，出现了城内几十万禁军弓手，放一轮箭讨一轮赏钱的事，不给钱不放箭，简直骇人听闻。就这样，汴梁最终城破，北宋灭亡。

元灭南宋后，因为少数民族掌权，为了控制军权，采取了军户制，一个人当兵，他的子子孙孙世袭当兵。这些人不从事生产却待遇优厚，还都驻扎繁华都市，需要政府花费大量金钱供养。有钱了就吃喝玩乐，甚至几十年没见过打仗，以至于元末他们见到红巾起义军时打都不打，直接一哄而散。

明朝继承并改进了元代军户制，创造出卫所制。只不过吸取元代教训，军户待遇走向另一个极端。不但穷，还不允许参加科举，其他户籍鄙视军户不与通婚，也不允许军户转为其他户籍。后期甚至出现了军户缺粮，在山谷中啃食腐烂人类尸体充饥的惨剧。这也导致明末军队战斗力低下，既打不过农民起义军，也打不过清朝八旗。

清代采用八旗制，类似元代世袭军户，产生的问题也类似。八旗子弟被供养起来，骄奢淫逸，很快丧失战斗力。康熙征三藩时，八旗兵已不足用，只好起用汉军绿营。等到太平天国起义，绿营军也已经腐败不堪，于是迫不得已起用地方团练，如曾国藩的湘军，李鸿章的淮军等。

纵观历代兵制，不论征兵制还是军户制，都曾强极一时，唯独募兵制，难尝一胜。现在我们应该更容易理解，为什么孙子说"道天地将法"，把"道"放在了第一位，因为只有当一支军队清楚"为何而战"，才能战无不胜所向披靡。

名将打仗照样饿肚子

所谓"人是铁饭是钢,一顿不吃饿得慌",有了士兵之后,最紧要的问题就是粮草。

说到粮草,有人可能就要问了,同样是十万人口吃饭,为什么各吃各家的时候没问题,一集中到军队就缺粮了呢?我们来试着算算看,同样是十万兵,平时可能分散布防在二十个地方,每个地方五千人,地方上如果有五万户居民,那就是十户供养一个士兵,确实不难。但是打仗的时候,这十万兵集结起来,到了一个地方,那就变成了五万户居民供养十万士兵,一户供养两个士兵,显然供不起。因此就需要将粮草也集结起来,而且不能一天集结一次,预计打三个月,起码得集结六个月所需粮草。

从原来那二十个地方调粮肯定不够,就要全国征粮。通信、组织、制作哪一样不需要时间?征粮之后,还得运过去,也需要时间。运也要靠人,也要靠马,人吃马嚼,外加损耗,到地方可能就剩一半了。而且敌人也知道粮草重要,人家也不会眼睁睁看着你运粮,肯定想方设法骚扰粮道。就算劫不着你的粮,杀你几个运粮兵,拆你几座桥,你说怎么办?《尉缭子·兵令》篇中称:"臣闻古之善用兵者,能杀卒之半,其次杀其十三,其下杀其十一。"可见战争时期,粮草的消耗量远胜于和平时期,大部分粮草在运送过程中被消耗,实际能够到达军营的仅剩十之三四。

运粮本身已经够难了,野外行军驻扎消耗的热量又远胜于平时,人对粮食的消耗自然也要大得多。这仗一打就是一天，如果士兵打仗前没能饱餐，低血糖一来站都站不住，仗还怎么打？平时吃不饱，可能忍忍也就算了。可现在是玩命啊，让卖命还不给吃饱，人家恐怕是要翻脸哗变的。不仅是人，马吃得都比平时多多了。中原马平时吃草料，打仗还得额外加豆子，不然马都没劲，跑两下就跑不动了。

历史上粮草决胜负的军事案例数不胜数，我们最耳熟能详的就是三国时期曹操与袁绍的著名一战——官渡之战。在敌众我寡的情况之下，曹操采纳了许攸的建议，亲率五千精兵夜袭乌巢，一把火烧毁了袁军的粮草重地。袁绍得到消息后也没有及时派兵增援，而是继续攻击曹军官渡大营，结果他错误地估计了形势，全力攻击之下并未能一举拿下曹营。士兵们不是圣人，既没有钢筋铁骨的不坏之躯，也不能靠清风雨露果腹，前方久攻不下，后方补给被烧，不知道什么时候能休息开饭，更不知道下一顿饭在哪儿，前进也不是，后退也不是，袁军瞬间军心动摇，再想到几十万大军要熬到新的粮草运送到，岂不是猴年马月了，这下心理防线瞬间溃败，无法再维持原有的战斗力了。

这样一圈看下来，现实中给咱十万人，别说打仗，就是带着他们从北京到南京旅游一圈，也会面临巨大的挑战。走哪条路，住在哪，吃什么，有人生病怎么办，所谓"升帐百件事"，连上厕所这样的日常小事，若管不好都会导致军中瘟疫，以至于不战自溃，就更别提粮草了。

兵贵神速：战争有多烧钱

孙子曰：凡用兵之法，驰车千驷，革车千乘，带甲十万，千里馈粮，则内外之费，宾客之用，胶漆之材，车甲之奉，日费千金，然后十万之师举矣。

打仗就要烧钱，所以这里孙子举了一大堆花钱的事。

驰车就是战车，孙子那个年代还是以车战为主，四匹马拉一辆战车，所以称为一驷。革车是载重车，运送粮食给养，所以要用皮革罩着。一千驷驰车，配备七万五千人，一千乘革车，配备两万五千人，加一块十万人。长途跋涉运送粮草，过程中人吃马嚼，再加上一部分损耗，这会消耗大部分粮草。战争不只是两个国家之间的事，还有一些盟国和利益相关者，所以外交的花费也不少。胶漆都是耗材，修补盾牌，维护兵器弓箭，这是必不可少的。车兵、甲兵还得领工资，去打仗的工资肯定还要比平时高。七七八八加在一起，一天就是"千金"的费用，当然这只是个虚数，总之是少不了。想组织起十万人的军队去打仗，每天不砸个千金进去，想都别想。

这也再一次提醒诸位"计"的重要性，战争的成本太高了，如果不能获取巨大利益，仗就别打，否则怎么打怎么亏。同时我们也可以看出，打仗不是玩电脑游戏，鼠标点两下就可以打了。这么多细节，你说哪一样省心？其中但凡有一样准备不好，别说打仗，你连军队都组织不起来。所以，对于战争，要永远怀着敬畏之心，战战兢兢，如临深渊，如履薄冰。

其用战也胜，久则钝兵挫锐，攻城则力屈，久暴师则国用不足。夫钝兵挫锐，屈力殚货，则诸侯乘其弊而起，虽有智者，不能善其后矣。故兵闻拙速，未睹巧之久也。夫兵久而国利者，未之有也。故不尽知用兵之害者，则不能尽知用兵之利也。

费用清单一列出来，明眼人心里应该有数了，进攻务求速胜。为什么要速胜？因为一日千金太贵了，实在消耗不起。而且时间久了，士气也会逐渐低落，加之攻城损耗兵力，搞不好甚至会掏空整个国家财政。如果己方士气低落，兵力损耗严重，财物匮乏，其他诸侯就会乘人之危。到那个时候，就算再有智慧也是无能为力。所以说，从来只听说想速胜但没有办法，没见过有什么高招是为了打持久战的。当然，孙子这里讲的是进攻，如果防守呢？自然反其道而行之，跟对方打消耗战，把对方耗到油尽灯枯之时，就是我们胜利之日。

从来没有人能通过长时间战争使国家获益的。所以，不知道用兵危害的人，是不可能深刻理解通过战争获取利益的。这里再次呼应了《始计篇》，从讨论预算开始，我们就在围绕着一个"利"字，战争是为了争利，除去利益（包括短期利益和长期利益），再无任何其他目的。如何才能获利？必须清楚地认识到，只有用收入减掉成本，最后剩下的利润才是真正的收益。务必牢记，利润为正，战争才有实际意义。

这段话放在今天，对于管理者依旧极具指导意义。我们在推进项目、跟竞争对手争夺市场时，一定要对成本有深刻认识。既考虑到人力成本、市场费用等显性支出，也重视团队士气、员工精力等隐性清耗。尤其是隐性成本，偶尔996加班搞突击，大家咬咬牙还能挺过来。可如果长期处于高强度加班状态，谁都难以保证工作质量。员工会逐渐疲沓，就算坐在那里，心思也不知道飞哪去了,最后一群人"加班摸鱼"成了笑话。因此,管理者必须把控好团队的工作节奏,否则不仅事倍功半,长此以往还会导致团队涣散,人浮于事。一旦形成那种局面,再想恢复原有的高效状态,恐怕就难如登天了。

比失败更可怕的是折腾

善用兵者，役不再籍，粮不三载；取用于国，因粮于敌，故军食可足也。国之贫于师者远输，远输则百姓贫。近于师者贵卖，贵卖则百姓财竭，财竭则急于丘役。力屈、财殚，中原内虚于家。百姓之费，十去其七；公家之费，破车罢马，甲胄矢弩。戟楯蔽橹，丘牛大车，十去其六。故智将务食于敌。食敌一钟，当吾二十钟；萁秆一石，当吾二十石。

善于用兵的人，一次征兵就把所需要的军队征集整齐，不会一而再再而三地扰乱民生；粮草也不用多次运输，最理想的情况是出征时带一批，凯旋时接应一批，两批就够了。那战争期间的粮草辎重怎么办？尽量从敌人那里缴获，没有枪没有炮，敌人给我们造。总之，打仗力求速胜，千万别折腾，一折腾就要坏事。多次运送，绝大多数粮草都会被消耗在运输途中。这种消耗是战争额外增加的，会迅速消耗民力，造成百姓贫困。

粮草全部靠本国输送成本太高，很多时候要就近采购。但是，这么大规模的采购势必会引起物价上涨，物价上涨则采购成本上升，同时百姓生活也要受到影响。军费不够还要额外征税加赋，让百姓更加雪上加霜，形成了恶性循环。兵力不足，国库空虚，人民凋敝。最终会导致百姓的财产蒸发七成，政府的开销，战车损耗，战马劳损，盔甲弓箭的耗费，各种武器、车辆的消耗，国家财富往往要蒸发六成。

所以，能被称为明智的将领，一定要从敌人处获取补给。能够获取敌方一钟粮食，就相当于我方省了二十钟粮食；能够获取敌方一石草料，就相当于我方省了二十石草料。

这还真不是夸张，以当时的运输条件，全凭人力牛马，长途运输过程中，光是人吃马嚼加中途损耗就要消耗掉一半。运到之后还要返程吧？返程也要吃饭，不过载重轻了，倒是可以省一些，就按四成算好了。那么一次运输真正供给到军队的，恐怕就只剩了一成。我方如此，敌方也是如此，所以如果吃了敌方一钟，里外里可不就相当于我们赚了二十钟嘛。

孙子一再强调，作为将领，一定要有成本意识，打仗的目的是获取利益，如果肆无忌惮地烧钱，那么打仗亏钱还有什么意义？最终无论胜负都是输家。

现在很多管理者迷信所谓的互联网打法，动辄为一个项目烧钱三五年，并常年推行996的工作模式，这显然违背了《孙子》的"速战"原则。原本期待通过集中投入，一鼓作气把项目推上正轨，进而实现"因粮于敌"，创造利润和现金流，进入自我造血、健康发展的良性循环。可谁承想，现实却是投入阶段变得越来越长，速战速决演变为旷日持久的拉锯战。然而管理者非但不及时调整，反而一再动员员工持续加班，导致全员疲惫不堪。这种项目可能会有好结果吗？当然不会，因为管理者不是"智将"。

> 故兵贵胜，不贵久。故知兵之将，生民之司命，国家安危之主也。

因此，打仗应力求速胜，千万不要陷入持久消耗。只有深刻认识到这个道理的将领，国家才能放心将人民的命运托付于他，他也才能真正肩负起国家安危的重任。

对于公司而言，只有那些能够精准掌握节奏，迅速推动项目度过初创期并实现变现，从而具备持续盈利能力的管理者，才能够带领团队走向成功，才是孙子所说的"智将"。

时刻记得自己最初的目的

故杀敌者，怒也；取敌之利者，货也。故车战，得车十乘以上，赏其先得者，而更其旌旗，车杂而乘之，卒善而养之，是谓胜敌而益强。

奋勇杀敌凭借的是怒气，从敌人那里获利要靠物质奖励。杀敌是手段，而不是目的，获取利益才是目的。

下象棋的人应该可以很好地理解这一点，我们的目的是将死对方，至于吃多少个子，反而是次要的。只要能够获得优势，能把优势转化为胜势，最后将死对方，就算一个子不吃又何妨？

所以，获得十乘车辆以上的，要重赏最先获得的人，然后更换旗帜，把车辆编入己方队伍。善待俘虏，通过感化使其为我所用。如此，取得胜利不但不会损耗兵力，反而会使己方越打越强。

在工作和创业的旅途中，保持对自己目的的清晰认识是一项挑战，但也是成功的关键。常常有人在争夺市场或者资源的酣战中忘记了自己最开始的目的，有人本意是与其他部门进行良性竞争，结果最后逐渐演变成了不同部门间的钩心斗角、尔虞我诈；有人最开始只是想通过促销活动进行变相盈利，没想到丧失理智之后就成了与竞争公司狂打价格战，结果往往两败俱伤。

保持初心不仅需要坚定的意志，还需要策略和纪律。因此在忙碌的工作中，定期的自我检查至关重要。这可以是每周的一次反思，也可以是每天的快速检查。问问自己："我今天的行为是否帮助我更接近我的目标？"如果回答是"否"，那么就需要调整你的航向。此外，保持灵活性也很重要。市场在变化，技术在进步，你的目标和计划也需要随之调整。不要害怕改变你的计划，只要它们仍然服务于你的最终目的。此外，找到支持你的团队也至关重要。无论是同事、朋友还是家人，他们可以提供反馈，帮助你保持动力，并且在你偏离目标时提醒你。最后，不要忘记庆祝那些小胜利。每一个成就，无论大小，都是值得庆祝的。这些庆祝不仅能够提升你的情绪，还能激励你继续前进。

《谋攻篇》

冷兵器时代的战争

在历史的长河中，交战一直是人类社会发展中绕不开的重要篇章。从远古部落的冲突，到古代帝国的争雄，战争的形态随着时代不断演变，但其核心工具——兵器，始终是决定胜负的关键因素之一。现代防护装备种类丰富多样，从单兵作战的防弹衣、头盔、护甲，到群体防护的盾牌、战车、掩体，能全方位保障人员和设施的安全。即便如此，一线战斗人员都不会一根筋地近身肉搏，更何况常常要赤膊相见的古代战场呢？不了解冷兵器的种类和用途就理解不了古代战争，更不用说《孙子兵法》了。接下来我们就穿越回去，看看古代战场上的兵器究竟什么样。

多数人都有肉搏恐惧症

近距离搏杀的选择

戈是中国最早的兵器，其出现不晚于商代，通常"干戈"并称，干是盾，用于防御。戈是武器，用于进攻。虽然现在戈的使用方式还没有定论，但如果与盾配合使用的话倒是可以确定它是短柄步战武器，否则一手持盾一手持长柄戈，士兵很难协调发力。从戈的形制看，它的主要攻击方式应该是啄击，也就是像使用镐子一样凿击。因为商代已经出现了青铜甲胄，有了甲胄的防护那些钩砍就无法形成有效伤害，取而代之的只能是能够破甲的凿击，戈的形状正是为凿击而设计的。当然你也可以使用钩，但钩的不是人，而是对面的盾，把盾钩开之后再使用凿击，这样才能对敌人造成有效杀伤。

古代步兵进攻依靠的是密集阵型，这就导致士兵发力空间狭小，如果大家还记得自己学生时代的跑操就可以类比，这种"摩肩擦踵"式的阵型有时让人连胳膊肘都抬不起来。因此在这样密集的阵型中，任何需要挥动的长柄武器都是不可能成为主力的。不只是长柄戈不会存在，长柄刀斧也不会存在。而枪、矛、戟等长柄武器，都是靠穿刺攻击，使用起来并不需要多少空间，所以适合密集阵型作战。其中戟比较特殊，它除了穿刺功能外，也有一个像戈一样的横刃，但是这个应该不是用来凿击，而是用来钩的。而且不是通过钩来直接杀伤敌人，而是用来钩开盾，或者钩腿放倒敌人从而打乱对方阵型。

三国之后，戟就逐渐退出了历史舞台，很可能是因为马镫的发明导致了冲击骑兵的出现，步兵的主要针对对象从原来的步兵转向了冲击骑兵。而面对骑兵的冲击，横刃显然变得多余，你需要的是一柄加长到5米的长矛。而随着冶铁技术的发展，甲胄也得到巨大改进，骑兵逐渐向着重装骑兵方向发展，步兵也向着重装步兵方向发展，这就使得武器越来越放弃了劈砍功能而只是一味地提升穿刺功能。因为面对着60斤的铁质札甲，不论什么刀砍上去都无法破甲，其效果还不如一般的钝器。

说到性能我们又不得不联系上成本一块说，毕竟打仗是为了争利，最终考量的是投入产出比，所以如果某一项功能的投入产出比过低，那么这个功能就会被毫不留情地淘汰掉。例如戟的横刃，不但对骑兵起不到杀伤作用，反而白白浪费了一块铁，用这块铁再打造一柄矛不好吗？所以一把戟就这样变成了两把矛。

各类刀具的选用也是一个道理。如果我们大概了解锻刀的过程就会知道，除了选用好的原材料，打造一把好刀的过程更加费时费力，锻造工艺至少包括了锻打、塑形、淬火、研磨、刀柄制作等工序，其中锻打又包括了折叠、扭曲、包钢夹钢等工序，淬火包括了水淬、油淬等方式，而且这一工序多数情况下会反复出现，为了加强性能没准还需要覆土烧刃再淬火。在锻打淬火过程中很容易造成刀体的裂缝、变形、过软或者过硬以及种种暗伤……由此可见，一把成品刀的背后全都是实实在在砸下去的真金白银。

在战场上武器是用来保命的东西，每一把上过战场的刀不说是宝刀也是良刀，至少要保证劈砍不卷刃、撞击不断裂、刀柄握感舒适且稳固，可以说跟敌人厮杀过程中，一旦刀断了，基本就等于命断了。给你一把劣刀让你上战场，你会同意吗？这么高的成本加上这么低的成品率，性价比太低，如果全军装备，实在是不划算。所以刀是少量军官才需要配备的辅助武器，万不得已的情况下用以应急自卫而已。即便如此，于军官而言，选择刀做辅助武器的性价比依然很低，要知道古时候一把好刀快抵得上一户人家一年的收入了，面对身着重甲的敌人，一把刀能够造成的杀伤并不比一柄简单的钝器强多少，反正破甲是不可能的，那就只能追求隔甲打击的效果。相比之下，钝器挥舞起来的动能显然更大，也就更容易对敌人的骨骼内脏造成损伤，使其失去战斗力。一把拳头大小的铁疙瘩用得着什么工艺吗？用不着，工艺越简单可靠性也就越高，不但便宜而且不容易损毁。一边是价格便宜量又足的钝器，另一边是价格奢侈又娇贵的刀，你会选哪个？结果是显而易见的。所以很多军官也不会佩刀，而是佩戴短锤、骨朵（表面有鼓包状小突起的锤）等钝器用以防身。

远距离攻击的小震撼

在战场上搏杀，大家追求的从来都是让敌人离自己越远越好，能用5米的矛绝对不用3米的枪。那什么武器攻击距离最远呢？答案是弓弩。不管近战兵器如何演化，弓弩始终在战场上稳稳地占有一席之地，几乎所有重要的战术都需要依赖弓弩。

我们在古书典籍中读到两军对垒时的轻骑兵绕射骚扰，就是靠轻骑兵的机动性搭配弓箭的远程攻击效果扰乱敌方阵型，使其露出破绽。之后再派重装骑兵针对弱点进行冲击，从而击溃敌军。当然了，敌军也不会傻傻地坐以待毙，他们会用密集箭阵远距离射杀轻骑兵或者延阻重骑兵，虽然抛射的箭矢对全副武装的重骑兵无法造成有效杀伤，但对战马来说杀伤力还是比较大的，重骑兵一旦失去了战马就失去了绝大部分战斗力。后金国时期为了防止战马被射杀，甚至发明了人马皆披重甲的"连环马"，采用密集阵型冲锋时，看起来像是一排马被连在一块，因此得名。但是马的负重能力有限，人着甲之后全身重量至少有200斤，再加上马的甲，这就奔着300斤去了。一匹马驮着300斤的负载如何能冲刺起来的？很快，随着蒙古骑兵的崛起，这种战术逐渐退出了历史舞台。在灵活的蒙古骑兵面前，移动缓慢的重装骑兵只能成为活靶子。

冲击骑兵都使用哪些武器呢？还是一寸长一寸强的道理。面对敌方步兵的

5米长矛，骑兵冲锋最想要的一定是7米长的马槊，这样才能在被长矛刺中前先手刺中对方。槊作为一种穿刺武器，是隋唐时期最流行的马上兵器，唐代猛将尉迟恭、秦琼、程知节等用的都是槊。李世民曾经拉着尉迟恭说："吾执弓矢，公执槊相随，虽百万众若我何？"[1]你拿着你的槊，我拿着我的弓，纵使千军万马又能奈我何？足见当时的主要作战武器就是弓和槊。槊本质上是加强的矛，槊头长1米以上，刃长0.5米以上。当时重装骑兵面对的多是着重甲的步兵，因此他们所需武器的主要功能是穿刺破甲。槊身采用八棱结构，增加了强度，这样穿刺时不容易断裂，加之柄长超过6米，所以这往往是一柄总长7米以上的大家伙。一柄槊的造价不亚于一柄良刀，也只有到了繁盛一时的唐代，国家才有钱给士兵配备如此昂贵的装备，也正是因为配备了这些当时最先进的科技，唐代对外战争才能做到战无不胜。

到了宋代，由于失去了战马产地，军队常常缺少战马。重装骑兵这个兵种难以成为主力，以至于对辽、金、蒙古只能采用以步制骑战术。当然，宋代发达的军事技术弥补了缺马的短板，凭借神臂弓、床子弩这些当时的"高科技"，也可以与北军打得有来有回。宋军面临骑兵冲击，首先把近战武器变成了大斧，重装步兵凭借"拒马"的掩护，躲在后面伺机砍马腿，骑兵落马之后再一斧下去，让他骨断筋折一命呜呼。

再后来，蒙古把骑兵技战术研发到了极致，同时又博采众家之所长，在军事科技上达到了冷兵器时代的巅峰。一直到明清时代，战争武器逐渐向火器过渡，冷兵器也就再也没有什么推陈出新了。

---

[1] 出自《旧唐书》。

弓弩射不透铠甲还有用吗

上文我们提到，不是所有弓弩都能射穿盾牌铠甲，很多时候只要骑兵包裹得够严实，弓箭顶多起到一个骚扰和阻拦的作用。那为什么弓弩依然是古代战场的主要武器呢？

前几年秋冬时节，北京下了一场冰雹，最大的雹子快赶上鹌鹑蛋了。那天恰逢我开车在外，被截在了半路。雹子实在太大，打在车顶当当作响，砸在挡风玻璃上更是噼里啪啦，我担心再继续开下去玻璃恐怕得被砸碎，只好打着双闪停在路边避风头。不光是我，前后不少车都停了下来，路上敢继续开的寥寥无几。即便停在路边，车仍然被砸得乱响，孩子缩在车里吓得直叫唤，生怕车顶被砸个窟窿。那次之后，我算明白了什么叫"火力压制"。

弓弩的"压制"，并不需要一箭把敌人射死，而只需要持续射箭让对方不敢贸动。士兵也是人，天上不停下"箭雨"，哪怕盾牌再厚再大，泛着寒光的铁尖密密麻麻地扎下来，你心里也没底，保不齐哪一箭射到自己怎么办？这种短暂的压制，足以让一方在局势变幻莫测的战场上明显占据上风。你不敢动，敌人可就随便动了，几万人围着你找机会，想方设法要弄死你，反击又反击不了，跑更是没戏，时间一长谁心理能不崩溃？

古代没有手机，更没有精密又便于携带的通信设备，组织几万人的队伍全靠军阵。为了便于管理，还必须是密集阵型，一旦散开，士兵在茫然无措的情况下八成要溃散。密集阵型最怕什么？最怕多米诺骨牌效应。万一谁不小心被射中了脚，倒在地上，前后左右必然要受影响，至少行动起来容易绊倒。现代人打小就进行突发事故应急管理培养，在人群密集处尚能发生踩踏，酿成惨剧，更何况是身处生死攸关的时刻，被敌人环伺的密集阵型中？一旦有一个人绷不住开始铆足劲地挤，接下来就是集体情绪全方位的溃败，每个人都拼了命地逃。就算有士兵稳住身形，一时半会站住了不动，但看到旁边的兄弟扑通倒下，心里能不受影响吗？如果运气不好，身边的人接二连三地倒下，恐慌情绪的迅速感染足以让一个人的心理防线瞬间崩塌。古代战争打的就是军阵，理论上只要你的阵型不乱，对面就拿你没办法。相反，阵型一乱，很容易就会引发多米诺骨牌效应，那时候才叫"兵败如山倒"，都不用人家过来杀，自己人相互推搡踩踏，也能瞬间伤亡惨重。

当然了，我方怕阵型乱，敌人也怕。有什么好办法既能打乱对方阵型，又能维持自己阵型呢？恐怕只有射箭了。因为射箭不需要频繁移动，不移动阵型就容易保持。而且敌我双方士兵不见面，隔着老远各自对天放箭，士兵的心理压力也小得多。这也就决定了古代战争的一般形式，但凡能射箭的时候绝对优先射箭，对方阵型乱了才会跑过去收割人头。也有双方互相射了几十轮箭雨，各自阵型仍旧岿然不动，最后不得已才拼到肉搏的。不过这种情况在整个战争史上实在是少之又少。

这也是为什么在古代打一场战争，一天就要用掉几十万乃至上百万支箭。消耗这么多箭能杀多少人呢？以李陵为例，当年他孤身出塞被匈奴数十万大军围困，边打边撤，5 000人每天消耗50万支箭杀伤匈奴数百人，终因箭矢用尽被迫投降。可见，那时候大概上千支箭才能杀死一个敌人。这还是在匈奴骑兵披甲率较低，更容易被箭矢所伤，且李陵这5 000人又都是精锐的前提下。如果对面是披甲率高、装备精良的军队，这个数字可能更夸张，甚至1万支箭杀一个人都不算过分。

据统计，第一次世界大战时要1万发子弹才能杀死一名士兵，到了二战，这个数字直接变成了2万发。等到海湾战争时，则飙升到了20万发。可即便如此，人命仍然显得太便宜了。20万发子弹，折合10多万元人民币，就能买一条人命。可见战争不是儿戏，真打起来人命如同草芥，这就是为什么孙子说"死生之地，不可不察"。

刀才是战场非主流

很多古装剧里面出现过各种奇形怪状的兵器，以至于有人误以为古时候人们就是拿着这些东西打仗。例如金丝大环刀，名字倒是挺威风，耍起来几个铁环也碰撞得叮当作响。可殊不知有个说法叫"兵器越怪，死得越快"。在刀里面应该没有比九环大刀更怪的了吧，如果你让将士们拿着这玩意去战场上拼命，估计人家会先跟你拼命。上战场是不可能的，但论及街边杂耍卖艺，这东西倒或许真存在过。

所谓"兵器越怪，死得越快"其实是蕴含着深刻的道理的，经过几千年的战争演化，在历朝历代的实战中经历无数轮优胜劣汰，表现不好的兵器自然会被淘汰掉。如果有人为了情怀非要拿着这种兵器去跟人家拼命，那么这种人早就先跟随兵器一起被淘汰掉了。

那什么样的兵器算是表现好的呢？

首先要有可靠性。近身搏杀时，刀断了，命也就断了，所以实战兵器最关键的就是可靠，要经得住战斗中各种情况的考验。别说是在刀身上开孔，就是在锻造过程中刀身上出现一个微小的裂痕甚至砂眼，这把刀都要回炉重造。如果工匠没有发现，导致战场上出了纰漏，那么一系列相关人员都会被处以重罪，情节严重的甚至直接脑袋搬家。换位思考一下也不难理解，对于在战场上以性命相搏的士兵，一把有可能断掉的刀就是军需官和工匠的潜在谋杀。

其次要有实用性。刀是用来杀人的，保证了这个基本功能，所有其他功能顶多算附加值，而且绝不能干扰这个基本功能。还是以金丝大环刀为例，穿九个环对杀人有什么帮助，哗啦啦作响能震慑敌人吗？有人说是为了防止劈砍时刀被卡住，砍木头可能会被卡住，砍人可不会，别说砍人，砍猪、砍牛、砍马，砍任何骨肉之躯从来就不用担心刀被卡住。骨头相较于树木而言细且硬，刀砍上去或者折断，或者被弹开，不会像砍木头一样深陷其中。更多时候刀会陷入肌肉中，而肌肉被斩断后变得松弛，更不可能把刀卡住。所以不论砍人还是砍肉的刀，根本不需要考虑被卡住的问题。还有人说是为了变换重心增加刀的威力，如此说来直接仿照双截棍把上面那节换成刀，发明个"双截刀"得了，重心转换还比九个环强多了，这还有人敢用吗？

最后是成本问题。铁环用的这点铁倒还好说，咬咬牙也能省出来，关键是怎么钻孔？在淬火前钻还是淬火后钻，或者干脆钻孔的位置不淬火，做特殊处理？淬火前钻孔，本来刀体就容易变形，打了孔更加难以控制。淬火后钻孔，刀体都那么硬了拿什么钻，钻裂了岂不是自废武功？总不能为了打个孔、穿个环而发明一套新的特殊工艺吧。钻一个孔尚且如此困难重重，足足九个孔，这成本得多高啊！

也正因如此，这一类怪玩意是不可能大规模用于实战的。正规军的兵器一般是枪、矛等长柄兵器，刀并不是主流，只有将校以上军官才会配备，或者给弓弩手配备一把作为应急辅助兵器。只有治安战因为地形复杂，长柄武器难以发挥，才会大量用到刀。既然刀的需求量不大，工匠们自然不会在锻刀上花太多心思，就别提研究金丝大环刀这种奇葩玩意了。

有人可能又有疑问了，说不对，《水浒传》里面的梁山好汉有好多以"朴刀"作为兵器，怎么能说战场不用刀呢？

朴刀在不同年代、不同地区形制可能不尽相同，但功能却差不多。宋代禁止民众私藏兵器，通常一家也就那么一把刀，这刀既要除草，又要砍柴，偶尔还得充当斩骨刀剁猪肉，真正做到了一刀多用。如果不需要大面积除草，朴刀就不用装长杆，农民平时就把它挂在裤腰上，偶尔有杂草拿下来砍两刀，所以也叫"裤刀"。这个"裤"跟现在的"裤子"类似，所以也可以叫它"裤刀"。最初所有这些种地用的刀都被称为"畲刀"，"畲"这个字你看一眼字形就知道跟种地有关，因为下面有一个田嘛。它指的就是刀耕火种，也就是最初的种地方式，畲刀就是烧荒之后用来铲除草根的。

后来为了除草方便，有人就把短刀装上了长杆，加长之后就叫"朴刀"，"朴"这个字本身就有木干的意思。宋代官方文书中称之为"拨刀"，据考证这个"拨"不念 bō，而是念 pō，跟朴刀的朴一个音。估计民间根本没有这种刀的写法，所以官方也只是根据读音强行安上了一个字，可能起名的人觉着它是代替手来"拨"草的，所以就叫拨刀了吧。有了长柄版之后，人们为了区别短柄版，就把长柄的叫朴刀，而畲刀这个名字就专属于短柄版了。

从官方的命名方式也能看出来，"朴刀"有多不受重视了。因为它根本就不是兵器，而是农具，跟正规军那些包钢、锻打、淬火、控制重心的制式武器没法比。如果敢让宋军这帮不给赏钱不射箭的大爷兵拿着朴刀上战场，他们没准分分钟就先把军需官剁了。宋代朝廷虽然禁止民间私藏兵器，但是对朴刀、畲刀还是网开一面，毕竟没有这玩意儿农民都没法种地和生活了。

为啥梁山好汉都用朴刀？因为找不到别的刀。他们倒也想要制式武器，但是谁给他们造呢？没有铁矿，也没有铁匠，总不能去外边找铁匠定制制式兵器吧？铁匠前一秒接受了定制需求，下一秒就连滚带爬地去报官了。所以梁山好汉能用上朴刀就已经不错了，估计那些喽啰也就只能用草叉、锄头。不仅梁山，方腊那边也好不到哪里去，所有农民起义的基础套装基本只能是这些。

钝器：小锤四十，大锤八十

如前所述，冷兵器战争，刀从来不是主流。青铜铠甲发展之前，大规模装备的进攻武器是戈，随着铠甲的发展，最终近战武器放弃了破甲，而选择了钝器。最常见的就是锤了，《隋唐演义》里"八大锤"之首李元霸，号称锤重800斤。锤虽然是主要的近战钝器，但演义终归是演义，夸张得也有点太邪乎了。

之前我买了一栋毛坯房，决定自己装修。第一步当然是把看不顺眼的墙拆了，于是上网买锤子。仗着体格好，想来个大点的锤子，拆起来快。结果转了一圈，发现最重的也就10—20斤。我问客服有没有更大的，人家问我干什么用，我说拆墙。人家说10斤的足够了，再重你也抡不动。我心想小看我是吧，我偏不信邪，就要买个最重的，爽快地下单了个20斤的。

快递到了拆开一看，锤头很小。我还挺不满，心想这么小个东西抡起来能有多费劲，这下指不定拆多久才能拆完。挥起锤子一抡，砖混的墙一锤轰倒一大片，那叫一个爽快。可大片的拆完，剩下边角余料可就惨了，面积小的墙不能抡，因为抡起来打不准，容易把其他墙打坏。可这么重的锤子，不抡起来根本使不上劲，我终于知道为啥人家拆墙不用重锤了。大片的墙10斤重的锤子足够用，小片的墙小锤惯性小，反而容易发力，重锤虽然看着威武，实际上并没什么大用。真要是10斤锤子拆不动的墙，20斤的一样拆不动，只能上冲击钻。

换成兵器也是一样的道理，对方身板再硬朗也不会比砖混的墙还硬吧？10

斤的锤，一锤都能轰塌一片墙，轰人更是足够。即使穿重甲，被轰上就算不骨折，估计也要震得内出血、脑震荡了。既然10斤的锤已经有这样的威力，你弄个60斤、80斤、100多斤的干吗用呢？退一万步说，就算抡得动，战场瞬息万变，哪来那么多机会等你慢慢抡起来呀！

根据已出土的兵器形制，大多锐器也就是矛、戟，其头部重量基本不超过1斤。刀稍微重点，大概1—2斤，最重的也就是2斤出头。例如1938年在宁夏固原南郊出土的北周骠骑大将军李贤的环首铁刀，重2.1斤，就已经是最重的实战刀了。不光锐器不重，钝器也不重，鞭、锏、锤重量一般很少有超过5斤的。小说里动辄几百斤的大锤，按照出土明代的金瓜锤来看，锤头也不到3斤。不过这些都是制式兵器，有没有什么特制兵器呢？也确实存在几十斤重的大刀，但要么是仪仗，要么是平时用来训练的，类似现在的杠铃，总不会有人扛着杠铃上战场吧？

除此之外，弓也分训练弓和实战弓。《宋史·岳飞传》中提到岳飞"未冠，挽弓三石"。根据宋代的单位换算，1石合92.5宋斤，三石就是277.5宋斤。按1宋斤等于0.64公斤来计算，岳飞能拉开的硬弓大约是177.6公斤。不过这只是人家用来破纪录的训练弓罢了，状态好的时候，用尽浑身力气能拉开一个，岳飞上战场绝对不会拿这么重的弓实战。

古人力气比现代人大吗

古代无论是人口基数还是训练条件，都无法与当今举重运动员相比，而现在的举重世界纪录最高也只有200多公斤。也就是说，即便是在几十亿现代人里面经过科学训练筛选出来的奥运冠军，也无法举起传闻中李元霸那800斤的锤子。由此可见，"八大锤"之类的传说纯属杜撰。

虽然古人举重不行，但有一项竞技运动数据确实比现代人要强得多，那就是开弓重量。冷兵器时代如果只选一个指标衡量士兵身体素质的话，必定是开弓重量。之前讲过，冷兵器战争中近战靠长矛阵，远程靠弓弩齐射。长矛阵对力量的要求没有那么高，但是对弓弩的要求可就高了。尤其是弓，你能挽的弓越强，射得也就越远，齐射的时候能在更远的距离内杀伤敌人，平射的时候能更多穿透敌人的铠甲，置人于死地。如果力量不够，弓不够强，弓弩对重甲防护的敌人就难以构成威胁。

据《宋史·杨再兴传》记载，岳飞手下猛将杨再兴在小商桥之战中带领300骑兵冲进金军10万人的队伍，左右冲杀、无人能挡，身上被箭射成刺猬却越战越勇，杀死金军2 000多人以及金军将领万户撒八字董、千户100人。可惜后来马陷淤泥只好步战，即便如此金军还是拿他没办法，只能等他斩杀数百人后自己力竭而亡。金军收殓他的遗体火化时，发现骨灰里的箭头足有两升之多，可见杨再兴之勇。但也从侧面说明了普通弓弩对他这种身着重甲的猛将确实没办法造成一击致命的有效杀伤。还有一个相反的例子，唐高宗时期的名将薛仁贵善射，素有"三箭定天山"的威名，高宗让他当面表演箭术，他一箭射穿了五层铠甲，吓得唐高宗赶紧命人赐薛仁贵重甲，生怕有人跟他一个水平把他也射死。

除了弓，宋代时期的弩也发展出了一个小高潮，有手弩、蹶张弩、腰张弩等不同种类。手弩拉力最小，通过手臂就可以上弦，当然威力也最小，军队中配备的不多，主要用于治安战。蹶张弩顾名思义就是靠脚踩住之后上下肢配合上弦，这种弩的拉力就很大了。腰弩目前没有研究明确具体怎么上弦，不过据史料描述，这应该是能够最大限度利用人体力量的一种弩。我猜测应该是可以躺在地上用腰将弩的一端固定之后用双腿蹬踏上弦的一种弩，毕竟这是我能想到能够最大限度利用人体的上弦方式了。如果是这种方式的话，拉开900斤倒也不是不可能，毕竟弩弦有弹力，发力是从0到峰值900斤的一个过程，估计一个能够硬拉300多公斤的人开8石的腰弩就可以了。

上文提到，史书上有记载的开弓纪录是岳飞创造的，他能开300宋斤的弓和8石的弩，1宋斤比现代1斤还要重一些，其力量之大简直匪夷所思。很多人怀疑岳飞这个纪录，其实像岳飞这种从底层士兵干起，一路凭借军功升为副宰相级别的名将，手里要是没个像样的纪录反而说不过去，没有过人的体魄很难在残酷的战场上活到最后。而且岳飞应该算是一位从小就在专业教练带领下系统训练的职业运动员，他的两位老师都是当世闻名的高手，跟着他们训练几年之后岳飞便"全县无敌"。这就跟小孩打篮球遇上一位好的启蒙教练后一步一步成长为球星是一个道理，所以岳飞能有个开弓纪录也不足为奇了。

可即便如此，8石的弩仍旧不是天花板水平，沈括在《梦溪笔谈》中也记载过，宋代士兵的最高开弩纪录为9石，相当于现在1 000多斤。[1] 如此恐怖

---

[1] 林甘泉主编的《中国经济通史——秦汉经济史（上）》认定：宋代1市斤是640克，宋代1石合92.5宋斤。因此一石是59 200克，折合现在118.4斤。9石折合应该约现在1 065斤。

的力量，让很多人无法置信。其实，随着时间的推移冷兵器在不断进化，宋代到达顶点，所以那时已经是中国古代开弓重量的巅峰了。再往后到元明清，火器开始走上历史舞台，军队对弓弩的重视开始下降，这个纪录就再也没有被打破过。另一个原因是宋代国防压力较大，所以对士兵的选拔和培养机制比较完善，而且军中流行以开硬弓为乐。韩琦就曾经抱怨说，现在这些当兵的都在练开弓重量，没人练射准。宋代人口过亿，在这个人口基数下开弓又成了全民运动，用不了多久就可以把开弓纪录推到人类极限了。因此我判断，如果现在有个世界开弓大赛的话，记录可能也就在300宋斤左右。

不动手不是因为尿

不战而屈人之兵

孙子曰：凡用兵之法，全国为上，破国次之；全军为上，破军次之；全旅为上，破旅次之；全卒为上，破卒次之；全伍为上，破伍次之。是故百战百胜，非善之善者也；不战而屈人之兵，善之善者也。故上兵伐谋，其次伐交，其次伐兵，其下攻城。攻城之法，为不得已。修橹轒辒，具器械，三月而后成；距堙，又三月而后已。将不胜其忿而蚁附之，杀士卒三分之一而城不拔者，此攻之灾也。故善用兵者，屈人之兵而非战也，拔人之城而非攻也，毁人之国而非久也，必以全争于天下。故兵不顿而利可全，此谋攻之法也。

谋划进攻的大原则是，能不打就不打，想尽一切办法让对方投降，甚至战胜都不是目的。那么目的是什么呢？还是"利"嘛。不战而获利，当然成本最低，利润最高。《孙子》的精髓就是极致的"功利主义"，战争的目的是争利，这一主线贯穿始终，不论什么时候脑子里这根弦都要绷得紧紧的，除了争利之外，扯别的都没用。

怎么才能不战而屈人之兵呢？最好的方式当然是用用脑子，动动嘴皮子或者通过调配资源让对方无计可施，不得不降。古代的很多说客干的就是这个。

例如苏秦、张仪，还有被煮了的郦食其，"伐谋"本来都成了，结果被韩信给搅和了，最后被烹惨死。动脑子肯定是成本最低的方式，如果不行，那就得跑跑腿，花点钱，用外交方式解决问题了。例如多拉点盟友，在势力上压倒对方，或者找人斡旋，大家回到谈判桌上解决。再不行，如果迫不得已动兵，也最好是野外决战，因为这样可以速战速决，而且敌方缺少城墙的保护，进攻要容易得多。最后，实在不行了才去攻城。攻城可不是玩游戏说打就打那么简单。先要用"輱辒"这种专业车辆拉土把护城河填上，同时要准备攻城器械，准备好就三个月之后了。然后要在城周围堆土山，用来窥探和弓箭骚扰，堆好了土山又要三个月。如果六个月对方还是不投降，那就彻底没辙了，只能硬着头皮攻城。"蚁附"这个词就很形象，士兵像蚂蚁一样往城上爬，可想而知损失会有多大。如果这样还不能攻克，兵力损失三分之一，这仗就没法打了。到时候咱们可能想撤都撤不了，因为这么重大的损失，撤退一定会被追击，那时就真的是灾难了。

所以，善用兵的人，追求的是让对手不战而降，让城不攻自破，即便是灭国战也绝不能旷日持久，能不破坏就不要破坏，尽量获取敌人的财物及有生力量并为我所用。说到底，目的还是一个"利"字，这才是战略方针。

功夫在平时，全靠基本面

> 故用兵之法，十则围之，五则攻之，倍则分之，敌则能战之，少则能逃之，不若则能避之。故小敌之坚，大敌之擒也。夫将者，国之辅也。辅周，则国必强；辅隙，则国必弱。

讲完了大的战略方针，接着看战术原则。

实力十倍于敌，则采取围困，迫使敌军投降；实力五倍于敌，则直接发起进攻；实力是敌人两倍，则设法分割敌军，使局部产生十倍、五倍于敌的形势；实力相当，则确保可以与之匹敌，不落下风；实力不如敌人，则要能够安全撤离；实力相差太过悬殊，则要设法避开敌人。实力弱小还要顽抗，只能是以卵击石，为实力强的一方所擒获。

其实孙子说的这段话打破了某些人依靠奇谋妙计妄图以弱胜强的幻想。战争从来比拼的都是硬实力，所以要断掉一切幻想，承认客观规律，实事求是布置战术。有人可能会问，那为什么历史上有那么多以少胜多的战例呢？这里大家要注意一点，实力的强弱可不是简单地以人数多少论，如果那样的话，还需要打仗吗？双方互相核对一下人数，少的一方认输就好了。

如何才能知道双方实力呢？答案在《始计篇》中讲过，按照"道天地将法"五个维度进行分析比较，最后才能综合得出双方的真实实力。国共内战时，国民党人数倒是多，但除了人数，"道天地将法"里哪一样都比不过解放军，所以才有了百万雄师过大江，解放全中国。其实，整部《孙子》始终都在试图为我们建立一种认知，那就是"功夫在场外"。打仗不是碰运气，也不靠奇谋妙计，战争的胜负早在战争开始前就已经被决定了。

联系实际，如果想在竞争中取胜需要怎么做？答案就是把功夫花在平时。想赢球，就在平时刻苦训练，而不是期待在场上超常发挥；想考高分，就在平时多做题，而不是期待考题都是自己见过的；想出业绩，平时就要捋清思路，协调好关系，而不是指望月末使使劲能碰上大单。

将领手中掌握着国家的命脉，如果他们具备了以上认知，就可以辅佐国君奋发图强。相反，如果不具备以上认知，则无法胜任自身责任，长此以往，国将不国。训练场才是真正的战场，而最终的那个"战场"，只不过是个展示训练成果的舞台罢了。

不要让控制欲"硬控"了自己

君主有可能远程帮倒忙

故君之所以患于军者三：不知军之不可以进而谓之进，不知军之不可以退而谓之退，是谓"縻军"；不知三军之事，而同三军之政，则军士惑矣；不知三军之权，而同三军之任，则军士疑矣。三军既惑且疑，则诸侯之难至矣，是谓"乱军引胜"。

将领需要根据敌我形式、战场情况，基于战略、战术的原则随机应变，不能拘泥于形式，更不可脱离实际。但是即便将领做到了坚持原则，君主却有可能帮倒忙，所以君主也需要注意三件事。君主不在一线，缺乏敌我双方的一手数据，如果远程操纵军队就会造成该进不能进，该退不能退，让军队进退失据。君主不在军中，不了解军队的具体情况，却要插手军队内部管理，将领和士兵就会迷惑，不知道该听谁的。君主不了解将领的权责、能力、态度，如果按照自己的意愿任免将领，军中就会怀疑是否赏罚不明，是否任人唯亲。将领和士兵迷惑且不再相信法令，其他诸侯就会借机而起，乘人之危，这就是扰乱军心为他人作嫁衣裳。

孙子为什么要单独来这么一段给君主们提要求、打预防针呢？因为这种事经常发生。不光在孙子的年代，在后世自诩熟读《孙子》的君主中，这种事仍然屡见不鲜,王莽、蒋介石都是典型代表,因此被戏称为"微操大师"。何以如此?其根本原因还是在于人类对未知的本能恐惧。很多人会表现出强烈的控制欲,这种控制欲是他们自己难以抑制的,甚至很多时候是不知不觉的。我们暂且不去妄议王莽、蒋介石之类"微操"军队的历史人物,因为他们所处的环境非常复杂,不是我们这些毫无战争经验的人能够揣测的。但可以看看身边公司里面的情况,是不是有不少这样的领导,他们事无巨细,不管什么鸡毛蒜皮的事都要横插一杠?这种控制欲就是典型被恐惧支配的结果。你说他们真的无所事事非要多管闲事吗?也不是,他们也是"百忙之中"抽空来多管闲事。不管多忙,就是放心不下别人干活,只要不在自己眼皮子底下,心里就不踏实,总觉得要出问题,所以总是抑制不住插手下属工作。而下属呢?他们感受到的是极大的不信任,自己全心全意干活,你不但不支持、不鼓励,反而总是像防贼一样防着我,那我为什么还要为你卖命?既然你那么喜欢管,你自己来好了。典型的报复行动就是消极怠工,因为也没办法积极,积极也没有用,只要没按你说的做,做什么都是错。

所以,作为管理者,最忌讳就是伸手过长,走了下属的路,让下属无路可走。领导的职责是确定方向,制定目标,建立机制,监控目标,赏罚分明。至于怎么实现目标?那是下属的工作,我们不应该管,也管不过来。

有时候对于下属的团队设置都不宜过多干涉,因为他才是主要负责人,只要合乎制度,设置什么岗位,招什么人,做什么项目,制定什么工作计划,奖励谁,惩罚谁,升职降职,都应该以下属的意见为主。否则,他什么权力都没有,你让他怎么带团队?带不了团队,你让他怎么履行责任?权责匹配是管理的基本原则,违背了就要出问题。

只有"不败",没有"必胜"

故知胜有五:知可以战与不可以战者胜,识众寡之用者胜,上下同欲者胜，以虞待不虞者胜，将能而君不御者胜。此五者，知胜之道也。故曰：知彼知己者，百战不殆；不知彼而知己，一胜一负；不知彼，不知己，每战必殆。

可以从五个方面来判断战争的胜负。知道能不能开战的胜，根据兵力多寡灵活运用战术的胜，君主、将领、士兵同仇敌忾的胜，以逸待劳的胜，将领有本事又得君主信任从而不被干涉的胜。对敌我双方的这五个方面进行比较，就可以判断胜负了。同时了解自己和敌人就不会败；只了解自己而不了解敌人，胜负只能凭运气，双方五五开；既不了解自己，也不了解敌人，必败无疑。

这里要注意一点，孙子说做到知己知彼，也只是可以保证不败，并不能保证必胜。我们了解了彼此，发现如果开战则必败，那么便可以不战，而选择其他的手段来解决，这样虽然不能胜，但也不会败。如果我们了解彼此，敌人也了解彼此，那么结果也是旗鼓相当，我们未必会胜。这是孙子想要帮助你突破的另一个认知，对于战争我们可以追求的极致只是"不败"，至于能不能胜则不取决于我们自己，而是取决于敌人。为何如此？这一点后面会详细讲。

《军形篇》

不失误才能赢得总冠军

《谋攻》讲了如何制定进攻计划,那么接下来,《军形》则开始讲两军争胜具体要如何做。在此之前,我们先讨论一下,在冷兵器战争中,能帮助军队立于不败之地的三样东西——战马、铠甲、军阵。

不要低估战马的战斗力

为什么战场上喜欢用阉割战马

关于阉割战马这一点,许多人都抱有误解,认为马作为食草动物向来温顺,有何必要阉割?这是人类习惯于城市生活后产生的信息差。现在多数人能见到马的地方只存在于电视荧屏和野生动物园,偶尔也会在旅游的时候遇到牵着马吆喝的景点小贩:"一百元一圈,又乖又听话的马儿!"我们摸着马儿温暖的毛发,看它们胆怯地扑闪着双眼,便将大自然的演化力量遗忘得一干二净。马只是不吃肉,可不是不杀生。有人或许在街角见过公狗们为了一条母狗撕咬得死去活来,马也一样。当马感到受到威胁或在争夺资源(如食物、领地或配偶)时,它们会变得十分激进,频繁使用蹄子踢打或用牙齿咬对方。如果两匹成年公马真打起来,人根本拦不住,只能眼睁睁看着其中一匹被活活咬死。我就曾经亲眼目睹过这震撼的一幕,每每忆起,掺杂雄壮荷尔蒙的鲜血味仿佛仍能瞬间弥漫在鼻腔里。

人说"声色犬马,天下所大恶也",我年轻的时候也未曾免俗。"声色犬"倒是没那么上心,但为了体验沙场征战的感觉,义无反顾地掉进了"马圈",并一度沉迷其中。这个圈子里大概有两种玩法,一种是比较高大上的玩法——马场马术,也叫盛装舞步,是一种竞技性体育运动。选手骑着马在标准的场地中,按照事先指定的课目,完成规定的动作与路线。我对这玩意并不感冒,玩的是另一种——骑马越野，也叫"野骑"。这种玩法结合了骑术和户外运动，需要在山地、森林、草原等地方进行长距离、高强度的行进，自由度高，玩起来也更有挑战性。圈子里爱吹牛的人常说自己几匹马连续几天穿越了几百千米。这个圈子的"毕业"任务就是去内蒙古跟着牧民老乡转一次场——换季之前赶着马群从一个草场转移到另一个草场——在下有幸也曾去体验了一次。

说是去转场，其实根本帮不上什么忙，最多就是帮着喂点夜草刷刷马，放马这种事人家老乡根本不让我干，当然了，让我干我也干不了。马是很聪明的，据说有6岁小孩的智商，而且极其慕强，新人去了它不认识，那根本拉不动它。它能狡猾到什么程度呢？牧民在旁边的时候会装样子对我百依百顺，牧民转身走了，它马上翻脸不认人，这时候就只能上鞭子。但是动辄就上鞭子也不行，马胆子特别小，很容易受惊，如果你拿鞭子抽时它没防备，一鞭子下去就惊了。马受刺激之后就会不管不顾地乱跑乱撞，实在是很危险。当然了，有时我也怀疑它们是故意演出来的，本质就是不服管。有几次眼看一匹马又尥蹶子又起扬的，牧民一来它马上就老实了，变脸速度比看到后门站着班主任的小学生还快。

不过牧民的震慑力也不是百分百好使。有一次，常和我一起野骑的牧民拉了一匹种马出去遛，按理说当时早过了发情期，应该没什么风险。可那天不知道怎么了，那种马远远看见一匹母马和另一匹公马站在一块，突然一声嘶鸣，迅如雷霆地奔过去了。当时我正在不远处，眼睁睁看着缰绳像张开的弓弦一样"嗡"的一声被拉直，之后迅速从牧民手里挣脱直追着马屁股飞过去了。电光火石之间，牧民和我还没反应过来，那边两匹公马已经开战了。那速度，那力量，打起来真是昏天黑地，周围一片飞沙走石，武侠片的特效跟这场面比起来根本不值一提。等牧民抓着套马杆过来时，两匹马的脖子都已经血迹斑斑了，它俩的动作实在太快太暴力，没人敢上前，所以看不清楚到底哪匹马受了伤。几个牧民拿着套马杆折腾了半天也没套住，不过好在过了一会战斗就没那么激烈了，看样子应该是种马赢了，因为它还在挺着脖子进攻，而另一匹马的脑袋耷拉着，似乎已经抬不起来了。牧民终于趁机把种马套住，但战争还没彻底结束，第一个套上去的套马杆被马挣得脱了手，随着马脖子抡得满天飞，后来又套上了几个，五六人合力才算拉住。受伤的公马倒比较老实，不过肉眼可见地脖子上往下滴血。难怪老实，可能失血过多，精疲力竭了。后来听说这匹马伤得太重，没救活，第二天就送走处理了。

我骑过那么多马，但从来没骑过种马。听牧民说种马也不是绝对不能骑，但是很不稳定，指不定什么时候就疯起来。一匹身材健硕的高头大马要是疯起来，骑手还能有好？胳膊腿骨折都是轻的，没准小命都不保。这还是在护具齐全、有专人看护的情况下，要是到了兵戎相见的战场上，情况瞬息万变，兵器相交之声，攻城炮车之声，摇旗呐喊之声，哪一个不比扬一扬马鞭刺激程度高？在这种高强度冲击的情况下，种马发疯可以说是必然的，哪个将领会去骑着这种不稳定因素玩命？

骑马骑得最多的是骟马，就是被阉割过的马，这种马性情最温和。有人会问为什么不骑母马，你可能想象不到，母马其实并不温顺。如果你有近距离观察马群的经验就会发现，很多马群的头马不是最强壮的公马，而是最聪明的母马。母马的领地意识特别强，如果有别的动物闯入了马群的领地，通常是母马率先跑过去驱赶。当然，头马未必打得过入侵者，马群中的打手就是那些种马，迁徙过程中头马走在最前面领路，种马就在最后面压阵。头马只需要一个眼神就能让其他马俯首称臣，等级森严的程度甚至比人类有过之而无不及。

养战马有多烧钱

现在养马的牧民已经越来越少了，因为如果不用于战争，只从畜牧业的角度来看，养马的投入产出比真的非常低。

所谓六畜兴旺，这"六畜"指的就是猪、牛、羊、马、鸡、狗。猪和鸡想必不用多说，菜谱里玩出的花样快比我们的头发还多了，狗又有其他的价值所在，我们就只拿牛、羊、马来做对比。三者中马最能吃，也最能拉，最占草场，还最不长肉。如果一块草场能养五头牛的话，换成马就只能养一匹。因为牛的消化能力要比马强得多，所以牛拉的牛粪也要比马粪少很多。有句话叫"马无夜草不肥"，可不是随便说说，想要把马养好就得给它吃夜宵。马在自然状态下一天有三分之二的时间都在吃草，所以你想，咱家养的马总不能比野生状态下过得还惨吧？如果参加拉力赛，要提前几周给马喂"细料"，也就是在草料里面加上各种豆子给马补充蛋白质，否则营养不足，马跑不动长途。最难的是马这种动物特别需要空间，不像牛羊可以密集饲养，如果拴得太密集，马会得"抑郁症"。而且这种动物还必须"见天"，不能一直圈养在马厩里，不然也会"抑郁"。必须时不时放出去吃草，偶尔还得让它们疯跑，跑完了还得注意卫生，给它们刷毛、洗澡、钉马掌，不同的路况还要换不同的马掌，哪一点弄不好它都会生病，这可比养个孩子还难。

如果是战马，难度又得增加一个几何级。马场马术那些内容都要练，什么漫步、快步、轻快步、越障碍、听口令。战场上以命相搏，坐骑不听话哪个骑兵敢骑着它上战场？之前说过马特别胆小，容易受惊，所以还得训练它适应各种战场环境。我们骑着参加拉力赛的马一般都是老乡驯熟了的马，很多都是拉力赛老运动员了。但仍然还是很容易受惊。有一次我骑着一匹冠军马，在正常路上快步，结果正前方路上被风吹过来一个白色塑料袋。马的两只眼睛在侧面，头的正前方有一个一米左右的盲区，塑料袋正好就在盲区过来。对马来说，就是跑着跑着突然在视野里闪现出一个不明飞行物，这马一下子就蹦起来，从旁边四十五度的大陡坡直接冲了下去，拉都拉不住。好在我骑得熟了，不然摔下马至少也是个骨折。

现代人养马尚且如此费劲，古代养马的难度也就可想而知了。好地都要用来种庄稼，而种了庄稼尚且养不活那么多人口，哪还有多余的地方养马呢？草原上为什么能养马？因为那些地方本来也种不了庄稼。那么游牧民族种不了庄稼为什么没有饿死？其实他们不是没有饿死的风险，而是长期徘徊在饿死的边缘。这也解释了为什么历史上游牧民族总是在劫掠农耕民族——劫掠虽然可能丧命，但至少还有一线生机，而不劫掠一定会被饿死。由此可见，凡事都有正反面：种地能吃饱饭，却不能养马；不种地养马，虽吃不饱饭，但是可以靠马去劫掠。由此在很长一段历史时期内，养马的游牧民族和种地的农耕民族一直都在打打杀杀中共存。那么种地的农耕民族为啥宁可频频被抢劫也不去养马呢？这一点我们暂且留个疑问，后面再找机会细细讲来。

能保住命才有人上战场

为什么不允许私藏铠甲

为什么很多朝代允许个人拥有兵器，却没有一个朝代允许私藏铠甲？人都怕死，保住性命是所有人的第一需求。打仗不是打游戏，游戏里你可以一个人打十个，就算死了也没什么好怕的，等个十几秒复活之后又是一条好汉，再不济直接重开一把，越战越勇，杀得酣畅淋漓。但如果是现实里真刀真枪地上战场呢？就算自诩武功高强，不到万不得已，没人会去用自己的血肉赌博，命真的只有一条。那如何才能让士兵愿意去打仗呢？保障存活率的基础上予以巨大的利益诱惑。如果有人想召集人谋反，利益诱惑自然少不了，给钱加上许诺荣华富贵就行了，这种事朝廷禁止不了。但朝廷却能禁止私藏保命的铠甲，没有铠甲保命，存活率就无法保障，谁愿意豁出性命跟着造反呢？有命赚没命花的钱，没人会要。因此无论哪朝哪代，私藏铠甲都是谋反大罪，甚至要诛九族的。

说到铠甲保命这件事，许多人见多了电视剧里一捅一个窟窿的纸糊道具，对古代的铠甲并没有一个直观的认识。我当年深陷马圈时，有幸尝试过一种叫"具装骑射"的玩法，简单来说就是人和马都全副武装的重骑兵配置，在那里切身体验了一下仿宋铠甲，彻底颠覆了我对铠甲的认知。很多玩骑射的人就是想梦回沙场，体验一下古代边塞金戈铁马的生活，而其中一小撮人更加追求极致，所以他们不但要骑射而且要顶盔冠甲披挂上阵。这个玩法即便是在马圈也相当小众，一百个玩骑射的里面也难有一个玩具装骑射，至少我骑射数年，见过玩具装骑射的寥寥无几。

前文也提到我更爱玩越野，因为具装这个玩法我玩不起，不只是因为钱，更主要是耗费时间。骑射本身已经很难了，没有上千小时的训练量根本入不了门，如果另外再加上铠甲，那恐怕得专职训练了。圈里几位具装骑射玩得好的大哥，都是自己租马场，没事就住在里面，这咱可比不了。虽然玩不起，但是看人家一身铠甲纵马驰骋，弯弓搭箭如此潇洒，还是心驰神往，哪个七尺男儿没有点浴血沙场的英雄情结呢？正巧他们有时也会随我们去野骑，混熟后我就跟他们一块聊起具装骑射那些事。这东西知道的人少，他们当然也乐得分享，聊起来还是有点惺惺相惜的感觉。其中一个大哥更是热情，邀请我去试试。此举正中下怀，我欣然应允。他手里有一套仿唐代的明光铠，还有一套仿宋铠，明光铠那两片胸甲看起来太突兀，我个人不喜欢，所以选了仿宋铠试穿。

见到铠甲那一刻，我就被它古朴又隐含着肃杀气息的质感冲击到了。之前看电视看到的铠甲都是薄薄一片的装饰品，花里胡哨没什么感觉，这次近距离观赏仿真甲，我不由自主地伸手去抚摸，触手冰凉，沉稳厚重。眼睛都看直了，要不是大哥提醒，我都没意识到自己的失态。后来我想，这可能就是基因里面自带的一种审美倾向，在历经多次战争洗礼之后，不喜欢铠甲的男性基因已经被消灭殆尽，剩下的都是看到铠甲就两眼放光、爱不释手的荷尔蒙。

除了逼真的质感，其结构之复杂同样令人叹为观止。宋甲多为札甲，是一片一片的铁质甲片像鱼鳞一样排布下来，甲片上面有孔，以牛皮条连接，虽然复杂，但极为精细。肩甲有造型，是大片金属打造，臂甲甲片较大，而且这些甲片可以向上推收纳起来，估计漫画圣斗士中圣衣的创作灵感就来自于此吧。宋甲实际上不只是盔和甲，一副完整的宋甲至少包括了兜鍪（盔加上保护脖子的顿项）、肩甲、身甲（里面还有一层单独的胸甲保护心肺）、背甲、披膊、护臂、裙甲、袍肚、胫甲、鞋甲，据说还可以配上一个面甲（就是金属面罩保护脸的），这一套下来可以说是武装到了牙齿。

这么一套宋甲多重呢？大概要70斤。据说这只是一个中等重量，一般的铠甲都要到60—70斤这个水平，当然也有100斤的重甲，那不是一般人可以穿的，只有万里挑一的猛人才能驾驭得了。像《三国志》里面记载的典韦、许褚这种步战猛将，还要穿双层甲，身上披着100多斤的甲战斗，其实力可见一斑。

铠甲真正的防御力

铠甲如此之重，防御力如何呢？《三国志》记载，典韦、许褚这种猛将不止一次被箭射得像刺猬一样却越战越勇，这足以证明铠甲有极好的保命加持。换上大哥的仿制宋甲后，我好奇地使劲捶了自己几拳，胸口一点感觉都没有，手倒是挺疼。据史书记载，普通弓远距离攻击这种宋甲肯定射不透，只有强弓硬弩抵近射击才有可能射透。可见重甲可以防住绝大多数弓弩，抛射的箭矢更无法对铠甲造成伤害，即便射入也不会太深，绝不致命。五代十国时的沙陀兵擅长具装骑射，每次打胜仗回来身上都插着几支箭，虽然也留有箭伤，但不致命，伤好之后会留下疤痕，他们就互相比箭疤，以箭疤多为荣，据说有人身上可以有几百处箭疤，甚至有些人就是专门着重甲去冲阵来获得这些"荣誉"。穿好盔甲的一瞬间，我终于明白了为什么这些沙陀人有此癖好，全副武装的铠甲真的能让人热血沸腾，自觉天下无敌，甚至感觉不去打一仗都对不起这身铠甲。如果照镜子，再丑的爷们穿上铠甲恐怕都不会觉得自己丑，它有一种把丑转化为霸气的神奇力量。

当然了，铠甲也不是完全没有缺点的。一个显著的缺点是太沉了，没几年习武的好功底拎起来都费劲。另一个缺点就是穿戴难，我对盔甲不熟悉，在大哥的指导下半个多小时才穿上，据说熟练后可以十分钟搞定。问题是战场上能有几个十分钟？士兵正常行军扎营时不着甲，否则几十公斤的甲天天背着走，等到了战场也没有力气打仗了。睡觉更不能穿，我试过躺下，没一会儿就被压得喘不上气。这也就解释了古代战争为什么怕偷袭，来不及着盔甲的士兵，面对披挂整齐的敌人只有原地投降的份。

还有一个缺点是热。铠甲密不透风，太阳下晒着升温特别快，活脱脱一个烤箱。我当时着甲骑了十几分钟马，就已经汗流浃背了，当然这与不适应有一定关系，但主要还是因为甲内温度确实太高。我甚至觉得每一秒温度都在升高，就好像夏天坐在一辆被暴晒的汽车里，不开空调的话，多待一会都可能中暑休克。为了解决这个问题，古人发明了罩袍，就是在金属铠甲外面再罩一层薄布，用来防止太阳直射，从而减少高温带来的损伤。铠甲透气性差，所以不光是夏天，冬天着甲战斗一会也得大汗淋漓，浑身湿透。

最后涉及的一个问题就是铠甲的保养。汗液、血液对铁的腐蚀性非常强，每次穿完铠甲都需要精心擦干晾晒，然后再用油布将油脂涂抹在表面以防止生锈。值得一提的是，常穿铠甲的人也要学会保养自己。除了长期负重导致的肌肉劳损，将领们往往还需要注意卸甲的时机。铠甲本身散热性能差，只能靠人体自身调节温度，为了降温，人浑身的毛孔都会开放到最大限度以散热。战斗结束后，如果立即卸甲，张开的毛孔会来不及收缩，人体受到冷空气骤然刺激，轻则感冒，重则导致肌肉炎症，这就是俗称的"卸甲风"。很多名将就是长期在这种严酷环境下积劳成疾，有的甚至英年早逝。

尽管有着种种缺点，中国札甲仍可以称为世界历史上综合性能最优异的铠甲，并且没有之一。单纯论防护力或许不如欧洲中晚期的板甲，但其灵活度却不是板甲可比。很难想象士兵穿着板甲在马上骑射，但札甲却不影响人做出任何动作，蒙古东征期间对欧洲板甲骑兵的碾压就侧面论证了这一点。札甲相较于板甲的另一项优势就在于可以量产，不需要像板甲那样必须量身定制，士兵死了换下一任就穿不上了，这也是中国历代的战争着甲率都较高的原因。

铠甲的保护曾使中原士兵的单兵作战能力远高于草原游牧民族。西汉时期，李陵曾率五千步兵深入匈奴腹地，在被十几万匈奴围攻的情况下仍稳步后撤，并杀伤两万匈奴骑兵，最终因箭矢用尽不得不降，投降时仅距汉地两天路程，剩余士兵三千余人，如此高的交换比令人叹为观止。五代十国时期，后晋石敬瑭丢失了幽云十六州，北方游牧民族与北方汉人产生融合，汉人的冶炼锻造技术加上游牧民族的战马，使得辽、金、蒙古的战斗力实现了质的飞跃，宋失去了对北方政权的铠甲优势，反而由于缺乏战马转变为劣势方，仅凭借神臂弓、床子弩、火器等技术苦苦支撑。蒙古掌握了这些先进科技之后，南宋最终无力回天。

头可断，阵型不能乱

我们之前讲过，古代战争，尤其是野战，主要攻击方式是射箭而不是肉搏。很少有人像影视作品里表现的那样，双方像古惑仔一样抄家伙上去就砍。这种方式最多出现在不入流的小流氓斗殴，人不能多，一边几十人上百人顶天了。这些人平时也没经过什么训练，更不用说听调度和指挥了。最后打得浑身是血，看着挺勇猛，但放到古代面对正规军，他们连人家的汗毛都伤不到。

古代打仗讲的是军阵。密集阵型一摆，身前有盾，从盾的间隙支出去六七米长的矛。这个阵型不用说肉搏，小混混们看一眼就没了头绪。就像老虎面对蓄势待发的豪猪，空有一身勇猛，无从下口也是白搭。正规军交战，上来都是弓弩对射，还有炮和砲（投石车）对轰，目的就是打乱对方阵型。只要对方阵型一乱，接下来必定溃散，这时再上去收割人头。如果不信邪非要一股脑冲上去肉搏，那就是妥妥地送死。跑不了两步就得被射成刺猬，前面打头阵的一倒下，后面吓得掉头就跑，这仗就算胜负已定了。

现在我们大家都远离战争，生活场景里也很少出现军阵了，但相关的道理却并未消弭，反而被转化应用在了很多其他领域，比如打篮球。高中时我打进了校队，那时学校没什么篮球传统，所以没有特招，校队就是个平民队伍。全队只有中锋最高1.95米，平均身高只有1.8米多点。你别看身高不行，就这么个阵容，我们仍然冲到过市长杯第三，要知道那可是一个篮球大省的省会城市，打到这个成绩已经大大超出所有人的预期了。

教练忍不住调侃，说我们就是一群要身高没身高，要力量没力量的书呆子。但是，书呆子有书呆子的好处，就是脑子够用，有一股琢磨劲。硬件不占优，就只能靠脑子赢球。于是我们被打造成了一支"投篮队"，每次训练结束，全队排队罚篮，连中10个才能走人。每天训练课的内容就是摆弄各种挡拆、联防、破联防，以至于后来打球，如果跑不出来个什么战术，都感觉味同嚼蜡，心想不打出个配合能叫篮球？比如进攻，我们队甚至找不出一个小前锋[1]能跟人家拉开单挑，于是只能苦练无球挡拆[2]。我们这个水平的比赛能稳定把无球挡拆打成战术的还真不多。例如冠军球队，他们个人能力太强，最多打个区域挡拆[3]，用不着打这么复杂的无球挡拆。而亚军球队有个省青年队退役的控球后卫和一个投篮神准的小前锋，只靠他们两个人的能力就能打穿我们，所以也没练什么复杂战术。我们既没有整体实力，又没有箭头球员，不打战术怎么办？就这样练习战术，最后练到甚至可以做到无限挡拆，无限轮转，个人运球超过三次算输。单论战术，甚至不输专业球队。进攻靠无人当拆，防守怎么办呢？还是得靠脑子，23联防变阵32联防再变阵122联防，根据场上形势在各种联防间无缝切换。光变阵就能防住吗？当然不行，如果让对方肆无忌惮地进攻谁都防不住。所以32联防强调的是弧顶的压迫，不光是为了防下来，更是为了造成对方失误我们打快攻反击。打两个防守反击之后，对方就会有心理阴影，一有这种心思，做动作就会犹豫，一犹豫就慢了，一慢就容易失误，一失误就丢分，于是陷入恶性循环。一般我们变阵打两个防守反击后，对面教练就要叫暂停，不然容易被打蒙。

上面这些战术说起来容易，但其中有太多细节，哪个细节做不好，战术都

---

1 球队里负责一对一单打的角色。
2 指攻方无球队员跑动时通过队友阻挡，摆脱对方跟防，从而获得空位和接球投篮机会。
3 一个小范围内的多人挡拆配合。

完成不了。例如防守谁在外线，谁在内线，什么时候换防，怎么协防包夹，什么时候人盯人，反击谁去跑快攻，无球挡拆谁先挡，谁后挡，最后倾向于谁终结等等，这些都是问题。篮球场上一个队只有5个人，围绕着一个篮筐，有阵型和没有阵型尚且有如此大的区别，那动辄几十万人的古代战争如何？如果你是主帅，带着10万大军出征，面对着敌军乌泱泱十几万人，最先考虑的是什么？正常人首先想到的一定是如何保住自己的小命吧？这就是军阵最基本的思想——保住主帅。跟打篮球护筐，下象棋保帅一个道理。同样的，人是铁饭是钢，一顿不吃饿得慌，所以是不是还得保住粮草辎重？万一粮草被敌人一把火烧了，饭都没得吃了，这仗还怎么打？

既然有要害，就必须拼命保护要害，如何保护？靠结阵。而且跟打篮球一样，不能让对手都围着你的主力骚扰，对方一点防守压力都没有，还不单枪匹马逼得你节节败退？所以结阵不是防守，在保护己方要害的同时，还要针对对方要害施加压力。反击才是最好的防守，当对方自顾不暇时，也就没办法集中全力攻击，防守压力自然就减轻了。

孙子说"以正合，以奇胜"，这个"奇"就是对方预料之外的动作。有了这个"奇"，对方才会有心理压力，需要时时提防你出阴招，才能让他畏首畏尾，犹犹豫豫。好比篮球单防，绝对不能被动地兵来将挡水来土掩，而是要主动地上前压迫。伸手切球干扰对方运球，对抗破坏对方重心，甚至主动给他卖个破绽，让他掉进陷阱再伺机断球，发起反击，这才是好防守。

攻防双方换成是两支军队也是一个道理，变阵引诱对方进入陷阱，找到对方弱点着重进攻。只不过，军队不比个人，甚至不比一个球队，因为人太多，信息传达衰减得厉害。球场上一方五个人，打联防，打挡拆，绝大多数球队尚且打不好，更遑论上万人的战场。一个士兵站在几十人一队的密集阵型里，比早高峰的地铁还拥挤局促，除了前后左右的人，根本看不到其他东西，耳边喊杀声震耳欲聋，满眼尘土飞扬火光冲天，如果没有指挥，很容易就心态一崩，扔下兵器一哄而散，别说杀敌了，没准都能把自己人踩死一半。别说打仗，就是成千上万人聚在一块参加活动，没有良好的人流疏导，也有发生意外事件的重大隐患，轻则引起恐慌，重则出现伤亡，这种踩踏的预防早就屡见不鲜了。

如此看来，军阵虽然没有被一些军事迷吹得那么神鬼莫测，但没有军阵一定是兵败如山倒。这种将个体嵌入协作网格的管理哲学，恰恰可以在现代餐饮业中找到最朴素的回响。大家都去"海底捞"吃过火锅吧？但不知道你有没有注意过他们的服务体系，当门店进入客流高峰时，服务员会自发形成"三三制战斗小组"：一人主责餐桌服务，两人机动补位。这就完全沿用了古代盾阵中"主防手格挡，侧翼长矛突刺"的配合逻辑。另外，古代将领会用鸣金、击鼓、旗语等手段调度方阵变向，"海底捞"则通过三色托盘实现无声指挥：红色托盘代表加急需求，触发最近小组的快速响应；黄色托盘是备餐支援，蓝色托盘则调动清洁收尾。军阵的威力来自于每个士兵都知道自己该站在哪里，现代管理的精髓在于让每个成员既能守住自己的"战术扇区"，又能随时补位组成新的攻防单元。

打好"零失误"的组合拳

　　孙子曰：昔之善战者，先为不可胜，以待敌之可胜。不可胜在己，可胜在敌。故善战者，能为不可胜，不能使敌之必可胜。故曰：胜可知，而不可为。

之前我们讲过，孙子试图为我们建立一种认知，战争的一般形式是追求"不可胜"，而不是追求"胜"。敌我双方的较量中，我们只能控制自己这一方，却控制不了敌方。而控制我们自己能做到的极致就是"不可胜"，也就是不露破绽，不让敌人有机可乘。

老子说"胜人者有力，自胜者强"，孟子说"反求诸己"，这些都和孙子的说法有异曲同工之妙。

　　不可胜者，守也；可胜者，攻也。守则不足，攻则有余。善守者，藏于九地之下；善攻者，动于九天之上；故能自保而全胜也。

首先依靠防守做到"不可胜"，然后通过抓住机会进攻取得胜利。没有机会就要做好防守，一旦有了机会就要抓住机会坚决进攻。防守做到极致，如同深藏在地下，对手对我们完全无从下手。进攻做到极致，如同盘旋在高空，对手完全不知道我们将要如何进攻。防守和进攻都做到极致，我们便可以保全自己战胜敌人。

如果用下棋来比喻，《始计篇》就是通过实力评估来选择对手；《作战篇》则是棋局之前的体力、精力、棋力储备；《谋攻篇》则是对棋局的战略和战术规划；《军形篇》则是棋局布局的选择了。我们在进行布局时，原则上并不追求通过布局战胜对手，而是力求自己的布局没有漏洞，让对手抓不住破绽，以至于无法发起进攻。同时，我们的布局又要蕴藏足够杀机，让对手寝食难安，似乎在任何时间、任何地点都可以发起进攻。布局到了这个程度，我们便做到了"不可胜"，只等待对手露出破绽，便可以乘机取胜。

> 见胜不过众人之所知，非善之善者也；战胜而天下曰善，非善之善者也。故举秋毫不为多力，见日月不为明目，闻雷霆不为聪耳。古之所谓善战者，胜于易胜者也。故善战者之胜也，无智名，无勇功，故其战胜不忒。不忒者，其所措必胜，胜已败者也。故善战者，立于不败之地，而不失敌之败也。是故胜兵先胜而后求战，败兵先战而后求胜。善用兵者，修道而保法，故能为胜败之政。

大家都预测能胜，你也知道能胜，这不算什么本事；没有事先计划，在战场上硬拼取胜，这也不算什么本事。能举起秋毫，不算力气大；能看见日月，不算眼睛好；能听见打雷，不算耳朵灵。那么真正的"善战者"什么样？他们只是按部就班战胜那些事先已经计划好可以战胜的对手。所以，他们虽然胜了，也不会留下足智多谋的名声，更不会有浓墨重彩的军功。他们取得胜利是必然的，不会有意外，因为他们在决定开打之前就已经通过预算分析、战前准备、战略方针、作战计划为胜利做了充足准备，最终取胜只是按照事先安排走个过场而已。

这里再次强调了对于战争的认知。战争不是靠打仗分出胜负，而是通过战前计算和准备已经确定必胜了才去打仗，也就是"功夫只在战场外"。什么功夫呢？建立完备的价值观，确立符合广大人民利益的使命，建立完善的政策制度，并切实有效地落实与执行，这才是决定战争胜负的关键。

兵法：一曰度，二曰量，三曰数，四曰称，五曰胜。地生度，度生量，量生数，数生称，称生胜。故胜兵若以镒称铢，败兵若以铢称镒。胜者之战民也，若决积水于千仞之溪者，形也。

所谓兵法，首先需要掌握的，是土地面积，其次是物产能力，再其次是军队兵力，然后是双方实力对比，最后才是战争胜负。土地幅员辽阔，物产才能丰富；物产丰富，兵力才能充沛；兵力充沛，才能在实力上压倒对方；实力上压倒对方，才能在战争中取胜。能够战胜的一方，是在土地面积、物产、兵力、分析能力、战争等五个维度上全面超越战败方，以至于战争最终变成了单方面碾压。因此，胜者发动的战争，犹如千仞水坝被掘开放水，大水漫过，无处不被淹没，这正是两军争胜的普遍形式。

还是那句话："功夫只在战场外。"战场外的功夫做足，战场上便能形成全方位的压倒性优势。战争最终比拼的是综合国力，管理亦是如此。在淡季培训团队、优化流程、夯实内功，才能在旺季迎来业绩的爆发。

不败神话，管理巨星

作为一名军事家，吴起可以说是现象级的存在，"孙吴"并称不是没有道理。如果说孙子把战争从约定时间、地点、人数的"比赛"变成了以命相搏、你死我活的"诡道"，那么吴起则是第一个把战争变成了"职业运动"的人。他不只是一位军事家，还是位政治家，他搞的这种"军政"结合体系，在后来有了另一个名字，叫作"军国主义"。但吴起又并非彻底的军国主义，受儒家"仁义礼智信"思想的影响，他对用兵持谨慎态度，并不主张穷兵黩武，而是把战争分为了五种：义兵、强兵、刚兵、暴兵、逆兵。吴起反对纯粹为了私利的军事扩张，主张兴义兵。

和广为人知的岳家军一样，作为高级将领，吴起也有一支自己亲自训练的专业化部队，叫作魏武卒。有人说这是世界上最早的特种兵。其实不对，他们不是特种兵，而是以战争为唯一目的，全天候脱产训练的职业军人，这些人不执行特殊任务，他们存在的意义就是在正面战场击溃敌人。

魏武卒的选拔非常严格，《荀子》中记载，"魏之武卒以度取之，衣三属之甲，操十二石之弩，负矢五十，置戈其上，冠胄带剑，赢三日之粮，日中而趋百里。中试则复其户，利其田宅。"就是说选拔武卒有严格标准：穿三层的复合甲，能拉开十二石的弩，背五十支弩箭，另外还要持一柄长戈，戴着头盔挎着剑，随身携带三天口粮，半天急行军百里。不用说古代，放到现代世界各国的军队里，这样的身体素质也绝对是精兵中的精兵。更关键的，是后面这句，只要被选中,那家里的田宅就不用愁了,待遇极其优越。

不但待遇好,上司也很亲民。吴起"与士卒最下者同衣食"[1],自己从来不搞特殊化。士卒步行,他也步行;士卒自己带粮食,他也自己带粮食;士卒睡田间地头,他也睡田间地头;甚至士卒生疮,吴起都会亲自为他吸脓。当然,记录这事的太史公又插了一段不阴不阳的评论,说这位士卒的母亲听说了这件事反而哭了。别人就问,将军体恤你家孩子,这难道不是好事吗?这位母亲说,他的父亲当年就是被将军吸脓,后来上战场死不旋踵,结果战死,现在儿子看来又要重蹈覆辙了。这话是什么意思呢?无非还是在说吴起邀买人心,但是人家一辈子都是这么做的,如果一个人一辈子都能装作爱兵如子,那他就是真的爱兵如子。

这样培养出来的魏武卒打起仗是什么水平?秦国兴兵五十万想要夺回被魏国占领的河西之地,吴起当时为河西太守,是魏国西边屏障,他手下的武卒听说要打仗,不用动员便纷纷主动请缨,由于想上战场的太多,用不上,于是吴起只能说服那些已经有军功的谦让一点,最后带了五万没有军功的人上战场。对于别的军队来说打仗是要命的事情,但对于吴起的魏武卒来说,打仗就是去升官发财,可见当时魏武卒的士气之盛,也足见吴起的带兵能力。这一仗的结果如何?吴起带着区区五万人,打败秦军五十万,把秦国牢牢压制在了洛河以西。史料中并没有记载这场战争的细节,似乎也没用什么计谋,就是正面硬碰硬的以少胜多,恐怕这就是"职业运动员"对"业余选手"的碾压吧。

可惜楚悼王去世后,楚国变法失败,吴起也成了历史上第一个为改革事业献出生命的人。如果当时魏国能持续任用吴起,以魏武卒的强悍战斗力,能否取代秦国完成统一大业也未可知。武侯即位后不久,吴起便被公叔痤构陷,不得已离开魏国。这位公叔痤也很有意思,他这一辈子压制了两个人,一个是吴

---

[1] 出自《史记·孙子吴起列传》。

起，一个是商鞅，他们都是卫国人，都是传奇的改革者，都有王佐之才，而且商鞅后来发扬光大的一套法家制度很大程度上也借鉴了吴起的思想。某种程度上我们甚至可以说，公叔痤以一己之力活生生打断了魏国崛起的道路，为秦国做了嫁衣裳。

  作为一个创业团队的管理者，吴起恐怕是最值得学习的模板。打造一支精英团队可以大大减少内耗，3个精英拿4个人的工资，效率要远超过5个普通员工。不仅因为个体效率高，更因为个体间的链接减少。3个人彼此沟通最多只有3种组合，而5个人则会达到10种组合，足足增加了3.3倍，这是导致团队低效的罪魁祸首。而一旦团队沟通不畅，就要求管理者去疏通，这会占用巨大精力。而一个创业团队，面临着各种外部压力和不确定性，如果团队不能给予足够支持，管理者根本无法面对这些挑战。只有当团队具备了足够实力做支撑，管理者才能一心一意处理这些挑战。

《兵势篇》

不懂棋谱必然是臭棋篓子

《军形篇》讲了两军争胜的普遍形式,也指出了军事实力在冷兵器战争中的重要意义,这一篇孙子继续讲两军对垒时如何布局。布局的目的就是取得"势",然后抓住机会利用势,一击毙敌。但在这之前,我们还需要了解一下古人究竟是如何打"攻防战"的。

古代战争为什么要屠城

现在古装电视剧里经常会出现攻城的镜头,将军举起大刀振臂一挥,手下的士兵立刻血脉偾张地大吼一声"冲啊",接着就争先恐后地扑向城墙,抢登云梯。即使前排士兵被对方守卫一刀砍翻,后面的兄弟仍毫不犹豫地继续奋勇向前。观众看多了难免会有疑问,他们难道不怕死吗?为什么攻城时明知九死一生,却还像蚂蚁似的往上爬?守卫手持大刀站在城墙上,来一个斩一个,不是轻而易举吗,为什么城池还是守不住?为了解答这些疑问,接下来我们就来详细讲讲古代攻防战。

古人眼里的战争与士兵

想要了解古人如何看待战争,我们需要先了解古代人如何看待"人"。

早在原始时期,古人是不把部落以外的人当人看的,打仗的时候往往把外族人看作野兽,抓俘虏就相当于抓牲口。野兽是可以随便杀的,所以杀个敌对部落的人,就像杀一头鹿或者一匹狼,毫无心理负担。俘虏和牲口一样也是私人财产,可以随意买卖,有时甚至不如大匹牲口值钱,要杀要剐当然也悉听尊便。

到了封建时期,大家都是周天子分封的诸侯,七拐八拐、沾亲带故地这么一算,里外里都是亲戚,国与国的统治者之间还是要把对方当人看的。但这也仅限于统治者之间，国家的底层民众在贵族看来还是没有"人权"的，抓到了仍然当奴隶，仍然是财产，仍然不值钱，比如五羖大夫百里奚，就是被秦国用五张羊皮换来的奴隶。

秦代大一统之后，情况好多了，因为只有一个皇帝，普天之下莫非王土，率土之滨莫非王臣，平民的地位大大提升，以前只有士以上才叫人，百姓代指的也是这一阶层。底层民众不能叫"人"，而是叫民、布衣、黔首，总之不算"人"。大一统之后，秦始皇发明了"黔首"一词来指代没有官职的平民，后来汉承秦制沿用了这个称呼，这段时期平民与贵族在称呼上已经没什么明显区别。当然，这不是说没有了贵贱之分，社会上还存在着世家门阀阶级，平民和士族还是有着实质分别的。这种情况一直持续到唐代后期，宋代大规模实行科举之后，世家门阀才最终消失。大家都可以参加科举，考上了都可以当官，平民和贵族的区别得到了显著缩小，到这时，大家才都是"人"了。

但古代军队始终是一种超越社会制度的存在，因为军队掌握武力，德国著名铁血宰相俾斯麦有名言："真理只在大炮的射程之内。"古代也是一样，不论什么身份，一旦打仗，拳头就是道理。加上认知水平、军队制度、管理技术的落后，所以就有了"兵匪一家"的说法。通常一个地方遭了匪患，土匪抢一波，然后军队来剿匪，打输了还好，打赢了军队又要抢一波。所以很多时候，老百姓为了自保，只好当墙头草，两边倒。土匪势力大就倒向土匪，官军势力大又倒向官军，结果到了最后，也分不清哪些是匪哪些是百姓。

两国交战也一样，攻城的时候老百姓常常被迫参与守城，一旦城池陷落，兵与民很难区分。我们既听说过士兵因一时心软放过小女孩，结果被一颗手雷炸死的悲剧，也见到过将领眼看战败，随手抓住一个老百姓强行换了衣服潜逃出城的记载。面对模棱两可的情况，怎么对待他们往往取决于主帅的意志。在信息不发达的古代，残酷的屠城甚至可以被上报为"城内军民负隅顽抗，只得尽皆剿灭"。更离谱的是，有些将领不光对敌国实施屠城，即使在本国内战中也可能大开杀戒。例如三国时期，董卓入宫被诛，其旧部李傕、郭汜等人率军攻陷长安，控制汉献帝刘协，把持朝政。破城后，李傕、郭汜等人以替董卓报仇为名大开杀戒，纵兵劫掠，百姓、官员死伤无数。这场动乱给关中地区带来了巨大的破坏，史称"强者四散，羸者相食，二三年间，关中无复人迹"。[1]

以上谈及的"人"，指的都是成年男子。对于妇女儿童，直到清代，他们也未被视作完整的人，即使是和平年代，买卖女子和小孩的现象也十分普遍。女子卖身为奴的情况屡见不鲜，甚至受到法律的默许和保护。丫鬟、妾都被视为财产，可以自由买卖，即使死了也不会有官方出面追究主家责任。直到清朝末期，才开始禁止打杀仆役。因此，即便是屠城，妇女儿童也大多不会被主动屠杀，毕竟以当时的眼光来看，她们是财产，是资源，抢占还来不及，怎么会无端"烧钱"呢？

不过，极端情况下也有全杀的。"鸡犬不留"这一说法就是字面意思，指的是为了泄愤，已经失去理智，不论男女老少，鸡犬牲口，一律格杀勿论。一旦哪位将领的屠城达到这种程度，那恐怕要一辈子为人诟病，一生都背着这个政治污点了。

攻城爬墙就是送死吗

我们都知道攻城难，古代人自然也知道，所以绝大多数情况下，只有进攻方确认自己占据绝对优势才会选择攻城。毕竟主动权在攻方手里，要是自认强攻不下来，换一种打法就是了。攻城也不是毫无准备，脑子一热上来就爬墙，肯定需要先修工事，对城内断粮断水，然后围点打援，去扫清外围。同时派间谍进城打探情报，煽动骚乱，策动叛乱。通常城里不会只有一股势力，军队、政府、大族、平民，还有各种派系，有足够的空间去讨价还价。各方利益复

---

[1] 出自《资治通鉴·汉纪五十三》。

杂，就算能谈成，也得花费几个月时间，更别说很多情况下人家跟你谈判就是为了拖时间，以待援兵。

守城的想拖，攻城的也不傻，谈判期间不耽误准备工事和器械。而且就算都准备好了也不着急打，一是还在谈判，二是需要骚扰。刚开始围城，城里粮草充足还有抵抗的劲头，所以要先"疲兵"。骚扰一阵子，城里士气下降，还得继续搞心理战，撒传单、喊话、利用奸细散播谣言。

如果己方补给跟得上，就尽量围而不打，利用工事持续骚扰，消耗城里的有生力量，不停打击对方士气。毕竟攻城有风险，一攻不下，再攻不下，士气此消彼长，对方趁机来个偷袭，或者突然主动出击，都有可能造成己方溃败。冷兵器时代，士气是决定胜败的最大因素，即便人多占优，只要一小撮人溃逃，甚至都不用逃，前排士兵一后退都有可能引发整体崩盘。

等把守城方的士气消耗差不多，或者气氛已经一触即发，到了不打不行的时候了，这才会开始攻城。憋了这么久，士兵早已摩拳擦掌、跃跃欲试了。进攻方掌握主动权，必定选己方士气最高的时候攻城。攻城也有方法，不能没头没脑往上爬。要有主攻、有佯攻、有机动。兵种也很多，有火力压制的、有负责保护的、有运转工程机械的，最后才是真正登城的。登城又要专业细分，有顶着盾重甲吸引火力的、有手持长兵器压制的、有刀盾轻甲突破肉搏的。大家或多或少都看过足球赛，一个球队11个人，尚且分成了守门员、后卫、中场、前锋，更何况攻城这种以命相搏的专业运动，分工可要比足球队细致多了。五到十人一队，战术如何，路线如何，不但事先布置，而且一定反复演练过。根据对方的布防、城墙状态、天气、地形等因素排兵布阵，各司其职。既然主动权在攻城方手里，他们就一定会把能占的便宜占尽，这就是孙子说的"势"。没准开始前还要占卜一番，来点"苍天已死，黄天当立"之类的祥瑞，以期通过心理暗示提升士气。

经过了这么长时间的骚扰和铺垫，守城方就算不投降或者内乱，军内也得人心浮动，士兵开始垂头丧气了。准备工作都做到这一步了，登城的士兵还能算送死吗？虽然也很危险，但起码还是有很大希望的。只要登城士兵不觉得自己是必死，那剩下的事就好办了。前文讲盔甲的时候我们也提到过，先保障生存，再激情画饼，重赏之下必有勇夫。古代普通士兵最大的战功叫"先登"，指的就是攻城时第一个爬上城墙的人，因为功劳最大，所以也叫"首功"。很多时候"先登"的功劳甚至比"斩将""夺旗"还要大。一次先登，赏银千两，相当于现在上百万。是不是觉得已经很刺激了？这还没完，"先登"不但有重赏，还能封官晋爵，甚至不止一级，起码是两三级起跳。听到这儿就已经心动不已了吗？不，还有更大的收益——军中威望的暴涨。一次先登是偶像，两次先登是英雄，三次以上直接封神了。西汉开国大将周勃、东汉魏威侯乐进都是以先登闻名，在士兵眼里，这样的领头羊就是天神下凡。只要能在九死一生的战场凯旋，这些"先登"后来大多都封侯拜相，封妻荫子，绵延数代。

现在大家都爱开玩笑说，月薪三千只能摸摸鱼，月薪三十万直接为老板肝脑涂地。古代的士兵也是这么想的，这么大的诱惑，谁不想着拼一把单车变摩托？但登城可不是谁想上就上的，将领会挑选专门的团队干专业的活，因为难度太大，万一兴冲冲地开战，几十万老少爷们抻长了脖子瞧着，结果被打回来了，那可太影响士气了，说不定形势因此立马逆转，所以选人一定是慎之又慎。能竞争"先登"的，都是优中选优的士兵，不但技术过硬，而且意志顽强，号称"死士"。这些人个个身负绝技，且头脑灵活，很擅长抓机会、找空当，是技术丰富、头脑冷静的机会主义者。也正是这些人最有可能在未来的日子里成为载入史册的名将，"先登"只是他们在漫漫历史长河中崭露头角的第一步。

守城为何要在城外列阵

之前我们提到过篮球的防守策略，一味防守注定被打成筛子，必须采取防守反击。孙子说"先为不可胜，以待敌之可胜"，这里面的重点是"待敌之可胜"。如果只是一味防守，没有反击，那不是让自己立于不败之地，而是让对手立于不败之地。这仗还怎么打？选择权完全在人家手里，我们只能被动挨打，凭什么防得住？除非本身实力就高人一筹。但话说回来了，既然高人一筹，早就重拳出击了，还费这么大劲防守干吗？

既然双方实力相近，那就只能坚持"防守反击"原则，只有给进攻方造成足够的防守压力，不让他毫无后顾之忧地全力进攻，防守才守得住。那如何给对方制造防守压力呢？一是要求助外部强援，我们只要拖延时间，等到主力回援或者新的援兵到来就是胜利。最好的例子就是元朝末年著名的洪都之战，在攻守双方力量对比极其悬殊的情况下，朱元璋的侄子朱文正指挥守卫军坚守洪都城整整八十五天，吸引了陈友谅的六十万大军。待朱元璋消灭张士诚，率二十万大军来援，陈友谅不得已撤围，朱军获得战略性胜利，也为之后朱、陈决战鄱阳湖的胜利奠定了基础。洪都之战是中国历史上最著名的守城战役之一，也是中国军事上以少胜多的经典案例，对元末的政治格局产生了巨大的影响。

二是城高池坚，粮草充足，水源自给，可以跟对方拼消耗，等对方粮草不足或者自乱阵脚被迫撤军，例如南宋与蒙古对决的钓鱼城之战。钓鱼城地势险要、易守难攻，城内有泉水引用，更有足够数年的粮食储备，在守将王坚的带领下，宋军将蒙古军队一次次挡在城门之外。告罄的补给和对蜀地天气环境的不适应让攻城方的马蹄越来越焦躁，他们不敢相信，可以横扫欧亚不可一世的蒙古骑兵，却偏偏拿小小的钓鱼城毫无办法。不但久攻不下，统帅蒙哥可汗还丧身城下。汗位的空缺使得各派系立刻转头忙于可汗位置之争，蒙古内部方寸大乱，各路人马不得不撤围。这应该是世界历史上最成功的保卫战之一。

除去以上两种情况，缩在城内一味死守的，从来只有死路一条。这就是为什么绝大多数守城战，防守方一定要在城外列阵迎敌的原因，唯有如此，才能保持对敌反击态势，有了"待敌之可胜"的"势"，才能做到"为己之不可胜"。

名将都管不住的屠城

大军围城，开打之前双方一定会坐下来谈，不是有什么"先礼后兵"的规矩，而是大家都深知资源不易，能不耗费就不耗费。就好像现在竞对公司争抢市场，不到万不得已，没人愿意打大规模的价格战，如果突然杀出一家公司非要搅乱市场、赔本抛售，其他商家一定恨得咬碎了牙。因为这一场仗打下来，无论谁输谁赢，大家都吃了亏，伤了元气，实在不划算。古代战争都是玩命的买卖，这份审慎更是有过之而无不及。

首先粮草就是个大问题，就算每人每天3斤粮食，10万人一天就是30万斤，1个月就是900万斤。围城需要构建己方工事、拆除敌方工事、建造攻城器械，没有个半年时间根本完不成。就按最少6个月算，也就是需要5 400万斤粮食。这些粮食肯定不能随军一次携带，中间需要长途补给。前文我们也提到过，以古代的运输效率，人吃马嚼，一车粮食运到地方能剩一半就不错了。回程也要吃饭吧？因为重量减轻，消耗就算去时的8成，那运粮途中消耗的粮食也要达到惊人的9成。也就是说，为了满足前线5 400万斤的需求，后方至少要征集54 000万斤粮食。这下大家知道为什么电视剧里经常是前线开战，后方节衣缩食供应军需了吧？

此外，服兵役的都是壮劳力，打仗就没法种地，不能种，只能吃，而且还比平时吃得多，一来一回，里外里得差多少？古代一个人一年的粮食占有量也就小几百斤，打仗一下子豁出了一个几亿斤的缺口，就意味着上百万人没有饭吃。在规模稍小一点的诸侯国，有上百万人没饭吃，国家基本就到了崩溃边缘了。

如果一座城选择不降，坚决抵抗，那恐怕就不只是一座城的问题，而是关乎两个国家以及千百万人的生死。一旦进入围城对峙，双方就都没了退路，只能以命相搏。就算最终城破，围城一方基本也是强弩之末，再也无力筹措粮草。城外都没粮，城里当然更没粮，有粮也不至于被攻下来。古代交通运输不便，既没办法快速征调备用粮，也没法短时间成批量地向外转移俘虏。城里城外都没粮，本来围城士兵都吃不饱，这下又多了那么多降卒百姓，怎么养活？根本养活不了。养活不了怎么办？那只好原地消灭。围城死伤如此惨重，活下来的军士刚经历了震慑人心的生死时刻，正是杀红了眼的状态，如果不及时奖赏、安抚人心，无处发泄的士兵突然无组织哗变怎么办？结果是只能放任劫掠。这一放任不要紧，父兄乡亲纷纷战死于城下的士兵，本来就与城里的人有着血海深仇，现在饿急了肚子杀红了眼，你还能指望他们有什么人性？所以但凡有得谈，肯定是要谈的，不到万不得已谁都不想围城。即便围城，也尽量保障攻城后的后续补给，这样才方便约束士兵、安顿俘虏，不会被逼到放任士兵屠城，给攻守双方都留下巨大的心理创伤。

名将最会乘人之危

孙子曰：凡治众如治寡，分数是也；斗众如斗寡，形名是也；三军之众，可使必受敌而无败者，奇正是也；兵之所加，如以碫投卵者，虚实是也。

管理大团队和管理小团队本质上是一样的，靠的是组织架构。一个人怎么管一万人？直接管理是不可能的，但是一个人可以管理十个人，十个人每人又可以管理十个人，于是一层一层分管下去，只需要五层就可以管理一万人了。指挥大团队战斗如同指挥小团队，靠的是金鼓旗帜的号令，士兵眼睛能看到的号令叫做"形"，耳朵能听到的号令叫作"名"，所有人看到、听到统一号令，并按照号令行事，指挥一万人便如同指挥一个人。三军能立于不败之地靠的是善于利用"奇正"，这两个概念很重要，我们一会展开讲。投入兵力对敌形成压倒性优势，靠的是"虚实"，也就是以我之长击敌之短，这在后面还会详细讲到。

凡战者，以正合，以奇胜。故善出奇者，无穷如天地，不竭如江海。终而复始，日月是也。死而更生，四时是也。声不过五，五声之变，不可胜听也；色不过五，五色之变，不可胜观也；味不过五，五味之变，不可胜尝也。战势不过奇正，奇正之变，不可胜穷也。奇正相生,如循环之无端,孰能穷之!

这里重点讲一下"奇正"。好比下棋,如果布局阶段我们按照经典棋谱布局,对手肯定也研究过棋谱,这样布局双方都不会有什么破绽,这就是所谓的"堂堂正正"。战争也是一个道理,先让自己的布局无懈可击,立于不败之地之后,再等待对方露出破绽,到时抓住破绽,一击制胜,这就叫"以正合"。

但我们这么想,对方也是这么想,大家都不出问题,大家的棋招变化都在对方预料之内,这棋就僵住了,那怎么才能赢呢?我们必须要有出乎对方预料的棋招才行。怎么才能出乎对方预料?当然不是靠运气,我们之前不止一次讲过,战争是"死生之地",是要命的,但凡有点敬畏之心也不至于拿着千千万万的人命碰运气。所以,千万不要指望自己想出个歪招,对方没想到,然后凭这个歪招取胜,那简直是痴人说梦。棋谱之所以是棋谱,正是因为这些布局中的变化已经被前人下过无数遍,最终总结出来这些谱招,每一招都是最优解。你不按棋谱来,而是自己乱走,自以为出其不意,实际上只是自取灭亡,之所以没有人那么走,只是因为那样走必输而已,这不叫"出奇"。

所谓"出奇",靠的是我们大量计算,不停计算,只有当我们算了十步,而对手只算了九步时,我们才能胜,多算的那一步出乎对方意料,这才叫"以奇胜"。所以,善于"出奇制胜"的将领,他们会尽可能地将战场变量考虑进来,设想尽可能多的情景,并针对每一个情景设计相应对策。如果你计算的情景多,对手计算的情景少,那么你便可以诱导对手走到你熟悉而他陌生的情景当中,这便是"出奇"。西汉开国功臣韩信便是著名的"奇将",他以灵活多变的战术闻名,陈仓之战"明修栈道,暗度陈仓",一举轰开了关中平原的大门。安邑之战首创正面进攻、侧后迂回、多路突击的渡河战术,成功俘虏魏王豹,平定河东郡。井陉之战的"背水一战"和潍水之战的"半渡而击"更是每一位军事家反复揣摩的必修课。这才是真正领悟了"出奇"的精髓。

有限的因素却可以产生无限的组合,白天黑夜周而复始,四季循环交替,五种基本声音可以变化出无穷的乐曲，五种基本颜色可以变化出无穷的色彩，五种基本味道可以变化出无穷的口味。奇正的变化也是无穷无尽的。我方认为是"奇"，但对方也计算到了，那就成了"正"；我方认为是正，但对方没有计算到，那就是"奇"。"奇正"是相对的，是运动变化的，是无穷无尽的。

放到管理中，讲求的就是战略上堂堂正正，战术上出奇制胜。要怎么办？接下来我们就继续讲如何实践。

激水漂石：试错、迭代、量变质变

激水之疾，至于漂石者，势也；鸷鸟之疾，至于毁折者，节也。是故善战者，其势险，其节短。势如彍弩，节如发机。纷纷纭纭，斗乱而不可乱；浑浑沌沌，形圆而不可败。乱生于治，怯生于勇，弱生于强。治乱，数也；勇怯，势也；强弱，形也。

湍急的水流可以使石头漂移，这是对"势"的比喻。势，要像水流一样，不是一个点两个点的力量，而是无处不在全方位的力量，躲无可躲，挡无可挡。猛禽捕食可以一击毙命，这是对"节"的比喻。节，要快速而突然，使得积蓄的力量在一瞬间爆发出来，形成极大的爆发力，让对方来不及反应，进攻如同摧枯拉朽。善战者就是要积聚势能，积累到水满将溢的程度，就叫作"险"。这时再掘开水堤，让势能在一瞬间倾泻而出。好像张开弩来蓄势，然后通过弩机瞬间击发把弩箭射出去。

战场错综复杂，千头万绪，但是对军队的指挥不能乱；敌我双方犬牙交错，你中有我我中有你，但只要能坚持《军形篇》中谈到的原则，就可以立于不败之地。

治乱、勇怯、强弱都是相对的，我治则敌乱，我勇则敌怯，我强则敌弱。如何做到治、勇、强呢？"治"靠的是组织架构，"勇"靠的是通过不断运作一点一滴积累起来的压倒性优势，"强"靠的是在《军形篇》中谈到的"度、量、数、称、胜"等五个维度积累优势。

  故善动敌者，形之，敌必从之；予之，敌必取之。以利动之，以卒待之。故善战者，求之于势，不责于人，故能择人而任势。任势者，其战人也，如转木石。木石之性，安则静，危则动，方则止，圆则行。故善战人之势，如转圆石于千仞之山者，势也。

  善于调动敌人的人，制造假象，敌人便会相信，施加利诱，敌人便会上当。通过利诱调动敌人，而我方却伺机而动，以逸待劳。所以，善战者就像一位高明的棋手，他们总是通过不断运子一点一滴积累优势。将领们追求的也应该是通过一点一滴积累优势，最终依靠大势取得胜利，不到万不得已，不要让士兵将领们以命相搏，以死相拼。善于运用势的主将，他们运用军队就如同转动木石。木头和石头如果没有人去管他们，他们自己就只能安静地留在原地，毫无威胁。但是一旦把它们的棱角磨圆，放置于高处，把它们变成滚木擂石，就变得极具威胁，势不可挡。

  所以，善战者就是那些善于制造"势"的人，他们一点一点积累优势，就如同把圆石一步一步运送到高山之上，这就叫作"势"。

  孙子还是强调"功夫在场外"，打仗不能依赖士兵们在战场上奋力厮杀，而是应该在战场布局阶段就开始不断通过"奇正"变化积累优势。当优势积累到"水满则溢"的程度，再决堤放水，让我方巨大的优势在短时间内爆发出来，一瞬间压垮敌人。好比打羽毛球，我们看到的是运动员最后那一击必杀，但必杀的机会是怎么得来的？就是通过从发球开始，一拍一拍调动，一拍一拍连贯，不断积累优势得来的。当我们一步步占据主动，对手便一点点陷入被动。在如此被动的情况下，他的回球质量便会逐渐降低，出现失误的概率便会逐渐提高。在这种压迫之下，对手最终会露出破绽，而我们则要抓住这个破绽，让所有优势在这一点爆发，一击制胜。

放在管理中，就是控制成本试错，然后通过数据分析发现问题，并找到解决方案去迭代流程，迭代好的流程再去试错发现问题不断迭代，周而复始，等到运行流畅开始扩大投放，届时业绩会一飞冲天。

史上最能打的名将

作为一个现象级帝王，李世民治国理政的水平几乎达到了儒家加于帝王所有的理想标准，算是做到了内圣外王，而为他的帝王基业打下基础的，正是他那不世战功。作为开国皇帝，最重要的政治资本就是战功，战功越大得国就越正，得国越正地位就越稳，地位越稳就越能不拘一格地任用贤能，越是任用贤能就越能开创盛世。那李世民的战功有多大呢？我们逆向思维，玄武门之变没有人不知道吧？弑兄杀弟，逼父退位，这种事换成任何一个人得被骂得遗臭万年，为何李世民的历史地位却丝毫没受影响呢？因为这个人在其他方面实在太剽悍了，以至于这么大的瑕疵都已经没人在乎了。

让我们看看李世民军事生涯的履历。

姓名：李世民	职业经历
16岁	作为副将献计，惊走突厥，救驾隋炀帝。
17岁	跟着李渊去太原，土匪魏刀儿来攻，李渊被围，李世民率精骑突进杀入重围英勇救爹，顺便大破了敌军。
18岁	天下大乱，李世民劝服犹豫不决的李渊，晋阳起兵反隋，开始征战四方。
19岁	与薛仁果对垒，关键时刻率精骑突进力挽狂澜，薛仁果战败请降。

(续表)

姓名：李世民	职业经历
20岁	刘武周派宋金刚攻陷浍州，河东危在旦夕，加上多地反叛，李渊又打起了退堂鼓，打算放弃河东，退守关西。李世民又凭三万精骑突进，大破宋金刚，尉迟敬德投降，被他收在帐下，从此集齐两位门神，外加收获一曲《秦王破阵乐》。
21岁	大败王世充，前期对阵单雄信时身陷重围，凭借一张弓硬是反败为胜。后期带着五百精骑观察地形，遇到一万敌军，又是精骑突进，斩首三千，王世充大败。
22岁	率三千五百精兵抢占虎牢关对阵窦建德十万大军，亲自率兵冲阵，活捉窦建德，王世充直接被吓得投降了。
23岁	大战刘黑闼，斩首1万，刘黑闼逃到了突厥。
24岁—27岁	24岁终于消停了一年，转年25岁突厥来犯，李世民带着100随从亲赴突厥结盟，突厥退兵。 26岁也消停了一年，27岁就是玄武门之变，同年李渊退位，李世民登基称帝。登基不久，突厥来犯，攻到渭水威逼京师，李世民亲临渭水当面谴责颉利可汗，颉利可汗另一路战败因此恐惧，于是杀白马订立盟约，返还掳掠人口财物。
30岁—31岁	用兵打击颉利可汗，31岁时颉利可汗被生擒献俘。至此，李世民的武功达到了鼎盛，可谓前无古人后无来者，声望之盛，不但在大唐封神，周边少数民族也称其为"天可汗"。

以上履历中李世民最得意的应该就是虎牢关以少胜多，生擒窦建德一役了。这一战的源头要追溯到李世民大战王世充。当时，李世民带领的精锐骑兵锐不可当，凭借一己之力冲垮王世充军足足三次之多，每次都是以少胜多。但王世充也并不是一个容易对付的对手，他的队伍顽强难缠，阵型几度被冲散又几度聚合重新结阵。有句话说："一鼓作气，再而三，三而竭。"这一战从早打到晚，反复的拉锯使双方士兵都陷入了疲惫期，大家都觉得自己已经尽力了，可漫长的战争仍无休止，挫折感油然而生，之后王世充开始龟缩等待窦建德援兵。

窦建德此时已出兵直奔虎牢关，如果窦军成功进驻虎牢关，势必与王军里应外合令李军腹背受敌，情况万分危急，唐军将领们都十分焦急，纷纷劝说李世民，打不下来不如退兵吧。李世民却十分清醒地指出，经过几次大败，王世充已经被打怕了，加上军中断粮，他们不可能主动出击袭击我们。而窦建德来的路上刚刚受降了另一支农民起义军孟海公部，正是将官骄傲、士兵怠惰之时。如果能趁敌人怠惰，自己先率领精兵据守虎牢关，在窦建德进关之前伺机战胜他，那对王世充自然就是瓮中捉鳖，不在话下。另外，虎牢关守将最近也是刚刚归降李世民，忠诚度尚且存疑，如果窦建德抢先攻进虎牢关，守将未必能全力固守，很可能临阵倒戈。因此虎牢关必须紧紧握在自己手里。

于是，22岁的李世民带领小波人马连夜兼程，率先抢占虎牢关，与窦建德十万大军对峙二十多天，终于通过细作打探到了窦建德将要偷袭的消息。李世民将计就计引诱窦建德出兵。窦建德列阵后，李世民却不着急出战，只是在远处仔细观察敌方士兵一举一动，并根据动态判断敌军士气。结果从早晨拖到中午也没开战，窦军就只剩这样干巴巴地站着。之前我们讲过，穿着铠甲在太阳暴晒之下无异于钻进烤箱，大量出汗失水令士兵体力迅速流失，士气也肉眼可见地滑落。因为轻视敌军，窦建德列阵过于靠近李世民，这下有点骑虎难下。一旦撤退，李世民很可能抓住时机出城突击，不撤退，双方就只能这样耗着。就这样僵持到了中午时分，李世民见敌方士兵开始有人坐下来，不一会又争着去喝水，阵型逐渐散乱，果断派遣三百精锐骑兵掠阵而过进行骚扰试探。这一试探还真就扰动了敌军，阵型瞬间溃散，李世民凭借他机敏的战场嗅觉捕捉到了这个千载难逢的战机，立刻率领精骑突进直奔敌阵，大队人马紧随其后。窦军本就慌乱，此时再被李世民的骑兵冲击，霎时乱作一团。如前所述，古代作战，一旦战阵解体就无异于待宰羔羊，李世民乘机率队杀穿了敌阵，将窦建德的旗号换成自己的旗号，敌军见状以为大势已去纷纷溃逃，唐军追出30多里，斩杀3 000多人，俘获5万，生擒窦建德。之后果然不出李世民所料，失去了窦建德援军，王世充军内部开始分崩离析，最后王世充本人也不得不开城投降。

虎牢关之战堪称李世民军事生涯的代表作。在这场战役中,李世民展现了卓越的战略眼光和敏锐的战场嗅觉,这种能力不仅体现在单次战斗中,而是贯穿了整个战争过程。他善于捕捉每一个战机,抓住了每一个机会,算是把《孙子》中的"虚实"之道运用到了极致。如果一个管理者能够具备李世民这样的破局能力,那么带团队做项目必然无往不利。这样的管理者注定非池中之物,一旦积累了足够的资源和经验,必将开创属于自己的事业天地。

不仅如此,李世民的强与其他开国帝王还不一样,大明朱元璋虽然也强,但只是强于指挥。李世民不仅指挥作战出神入化,个人武力也堪称举世无双,他擅长强弓骑射,能够左右开弓,箭无虚发。少数民族估计也是为他的勇武所震服,所以才奉上了"天可汗"这一独一无二的称号。

按理说当了皇帝也就该消停了,可咱们这位不是,晚年又开始远征高句丽。46岁御驾亲征,下十城,斩敌4万,己方只损失2 000人。后因天寒地冻,粮草不继,才被迫撤兵。然而这些并非最重要的,真正令人惊叹的是《秦王破阵乐》再次响彻战场——年近半百的帝王率领一群老将精骑突进,仍然所向披靡。要知道,这个年纪在古代已经算是风烛残年了。三年后,李世民便溘然长逝,享年50岁。

有人问为什么朱元璋开国后大杀功臣,而李世民却不杀?李世民从出生到离世,终其一生都是站在山巅俯视一切对手的强者。强到这个程度的人已经不用考虑"背叛"的问题了,因为任何背叛对他来说都无异于螳臂当车,以卵击石。正是这种强者心态,使得李世民任人唯贤,从谏如流。他在武功赫赫的同时,也没耽误文治,唐朝因此成为中国历代中最国际化的朝代,开中国商业之先河。贞观之治可以说使中国到达古代国际地位的巅峰了。

帝王的政绩实在过于耀眼,以至于掩盖了他的军事天才。李世民是军事史上一个实打实的现象级人物,不但可以运筹帷幄、神机妙算,更能在临场指挥中通过敏锐的嗅觉抓住敌方弱点,果断实施突击。更关键的是他本人勇武过人，常常亲自带领精骑冲阵。这一点至关重要，因为战场上的情势瞬息万变，即便再忠心、再默契的将领奉命冲锋，也很难做到随机应变。而李世民亲自冲阵一马当先，可以随时根据战场形势变化调整策略，大大地增加了发现敌军弱点并一招毙命的机会。

带领骑兵冲锋是异常凶险的任务，带队将领必须始终保持在队伍的最前列，以确保所有士兵都能看到他的行动，从而保持一致。否则一旦队伍失去了将领，也就失去了目标，几千人的骑兵队伍便会陷入混乱，后果不堪设想。然而，李世民带队冲锋却能安然无恙，其中一部分原因是他个人箭法了得。他曾拍着尉迟敬德的肩膀说：你拿着马槊，我拿着长弓，就是千军万马来了也奈何不了我们俩。可见他对自己实力的自信。

真正的领导力从不在报表中生长。现代管理者既要学会把战略拆解为员工视线可及的阶段性目标，也要积极保持"半身在前线"的工作惯性。团队亲耳听到管理者与员工共同寻找症结，亲眼看见决策者卷起袖子处理具体问题，自然会生出"主帅与我同在"的信任感，这远比坐在会议室里指挥更能点燃团队斗志。这种"可触及的存在"创造了两重价值——既能像战场斥候般捕捉到工作的真实细节，又能在危机时刻灵活指挥，及时调整指令。

《虚实篇》

布自己的局，下对手的套

"兵势"讲的是战场布局，我方要做到滴水不漏，通过不断运作各个单位，一点一滴不断积累优势，当具备了压倒性优势的时候，果断出击，瞬间爆发，一击毙敌。但是，我们懂布局，对手也懂布局，既然双方都懂布局，如何才能逐渐积累优势呢？"虚实"篇讲的就是"如何积累优势"。简单概括，叫作"下套"，不断地给对手挖陷阱，不断地引诱他落入陷阱，从而不断地积累优势。

骑兵对步兵的降维打击

之前我们讲过战马，如果一名骑兵纵马向你冲锋，那种冲击感无异于面对一辆以 60 千米每小时速度疾驰而来的汽车。然而，这还不是骑兵最恐怖之处，其核心优势在于另外两个方面：骑射和大范围机动能力。这才是汉武帝之前，我们拿匈奴没有办法的真正原因。直到汉武帝培养出卫青、霍去病两位骑兵将领，汉朝才逐渐化被动为主动，最终成功驱逐匈奴，拓地千里。

骑兵的可怕之处

之前我们提到过马圈，一般有三种常见玩法：速度赛、骑射和拉力赛。这些玩法对应的就是古代骑兵的三大优势：重骑兵冲击、轻骑兵绕射和大范围机动。

先说重骑兵冲击，这是骑兵最早的用途。马远不像大家想象的那么可爱，人站到它前面就会发现自己是多么渺小，被马蹄子不小心踩中，十有八九脚就骨折了。马有多壮呢？一般人拿着铁锹把使劲往马屁股上抡，马都未必会搭理你。想象一下，这么一匹猛兽以 50—60 千米每小时的速度向你直冲面门而来，后果会怎样？撞死吗？还真不会，没有受过专门训练的人都会下意识逃跑，就算想硬抗，身体的自我防护系统都不听使唤。如果是一万匹马来个声势浩大的万马奔腾呢？那真是地动山摇，绝对的超重低音震撼，其影音效果远胜于任何

3D 电影。如果再披上重甲，妥妥就是一辆坦克了。历史上，像张辽、李存孝这种动不动带几十上百人就把敌军击溃的，率领的就是这种重骑兵。但你别说，人类的智慧总是"魔高一尺道高一丈"。中原步兵通过发明车阵、长矛阵、筑垒，并依托山川、湖泊、林地等地理优势，千方百计地削弱重骑兵的冲击力。一旦重骑兵的速度被降下来，就好比"关门打狗"，只能夹着尾巴挨揍了。因此，后来重骑兵逐渐不再被单独使用，而是与其他兵种配合，以发挥更大的作用。

轻骑兵绕射就完全是另一种打法，这个兵种被蒙古骑兵发挥到了极致。其实说白了就是利用马跑得快来欺负人。我骑马过去射你，你如果不动，我就绕着圈射；你要是追我，我跑得比你快，边跑边回头射，这叫"放风筝"；你一旦逃跑，那可就正中我下怀了，你还能比马跑得快？只要你掉头逃跑，我就去收割，到时射箭都不用，也不用像电视上演的那样挥着刀砍，因为根本不需要。正确的方法是把刀、狼牙棒、流星锤放到一个合适高度，马奔过去能碰到逃兵就行，在 50—60 千米每小时的速度加持下，铁疙瘩碰脑袋，想想是什么后果？只不过骑射对技术要求非常高，不练个十几年无法形成战斗力，所以蒙古黄金一代的骑兵几乎是无敌的，相当于"梦之队"，横扫全世界。然而，这种辉煌也就只有那一波，随着生活逐渐安逸，就难以为继了。

如果说骑射是蒙古骑兵的"种族天赋"，那么大范围机动就是他们的"外挂"了。以前打仗需要补给，大家不敢轻易越过敌方军事据点打后方。因为一旦过去，敌方可能就把你粮道断了，即使打赢了也回不来——据点叫人端了，没饭吃，人和马都得饿死。但是蒙古人不一样，他们培育出了啥都吃、好养活的蒙古马。可能有人会问，马不是吃草就行吗，为什么还说不好养呢？中原的马平时是可以吃草，但是光吃草没劲，没劲就没法进行高强度的机动和打仗，需要给它喂豆子补充蛋白，然后才有劲上战场。所以古代运粮草，很大一部分是给马吃的。而蒙古马则不同，虽然吃豆子更有劲，但是不吃豆子光吃草也能凑合用，不受太大影响，简直就是"低配战神"。蒙古骑兵通常配有三匹马，一匹驮辎重，另外两匹换着骑。饿了就在马背上吃牛肉干，实在没干粮，还可以把马脖子割开口子喝马血。一匹累了就换另一匹，吃喝拉撒睡都在马背上解决。这种机动效率上哪说理去？所以，蒙古骑兵经常能在不可能的时间，出现在不可能的地点，敌人连想都想不到，就更别提动员和准备了。更可气的是，就算你能打赢蒙古骑兵，人家掉头就跑，你干瞪眼根本追不上。这才叫"立于不败之地"，只能他打人，没有人打他。实际上，农耕民族面对所有游牧民族时都存在这个问题。唯一的解决方法，就是农耕民族也发展出自己的骑兵。

骑兵怎么打仗

很多人误以为骑马要靠手拉住缰绳或者鞍环来保持平衡，实际上，平衡主要依靠骑手的身体控制与马的协调。我第一次骑马时，练了半小时"起坐"，之后就再也没抓过鞍环，甚至后来用的综合鞍上根本就没有鞍环。缰绳的作用是控马，也不是为了保持平衡。下缰绳连着马嘴里的"口衔"，俗称"嚼子"。这东西是一个杠杆，作用是放大缰绳给马的左右转和起停信号。如果骑手使劲拉缰绳，马会受不了，用劲猛了没准马就惊了。靠拉缰绳保持平衡，不但保持不了平衡，可能还会一失手人仰马翻。在正常骑马时，骑手只需轻轻带住缰绳，确保它别滑落就行。如果是在空旷地带，骑手甚至可以把缰绳找个手够得着的地方塞好，然后在马背上伸个懒腰享受风景，这就叫"信马由缰"。

骑马有两种方式，一种叫"起坐"，也叫"打浪"，另一种叫"压浪"。当然，如果上了速度这两种基本就都用不了了，因为来不及做动作，那时候蹲在马镫上，就是速度赛马骑手们的姿势。"起坐"由一起一坐两个动作组成，在马行进的过程中，马背会呈现出波浪状起伏，骑手在波谷的时候坐下再借着波峰的向上推力把臀部抬起来，这样就与马背的波浪同步了，也就不会"打屁股"，所以也称之为"打浪"。"压浪"的原理差不多，但是动作就要小很多，腿部不用发力将屁股抬起离开马鞍，而是借助臀部和腰部力量在马鞍上前后"蹲"从而与马背的波浪同步。就好像骑手一直在压着这个波浪，所以也叫"压浪"。不同的人习惯的方式也不一样，有人柔韧性好就喜欢"压浪"，有人腿部力量好就喜欢"打浪"。我个人偏爱"打浪"，因为"压浪"多少会有一些摩擦，时间长了大腿磨得难受。刘备在荆州时感叹"髀肉复生"，我怀疑他可能也是习惯于"打浪"，因为长期臀部和大腿发力"起坐"的话确实不容易长肉，而"压浪"相对来说运动量就小很多，很多女骑手喜欢用。

一般新手骑马后都觉得屁股痛，骑行距离稍微长一些甚至大腿和屁股都会被磨出血，所以我喜欢劝他们带上卫生巾垫一垫。有的老爷们自恃身体素质好偏不信邪，结果第二天连床都下不来，大腿内侧淤青加血泡青紫交加，手因为使劲抓着鞍环也磨得都是血泡，怎一个惨字了得！为什么会这么惨？还不是跟他们说骑马要先学技巧他们不信，有人还说骑马不就是坐上去嘛，这谁能不会？结果就是这个下场。其实如果承认自己不会，虚心学习的话，快则半个小时，慢则几天就可以学会"打浪"了，学会"打浪"再学"压浪"就更容易了。会"打浪"之后骑个几十上百千米根本没什么感觉，比骑自行车轻松多了。而且坐在马鞍上其实一直在运动，可以经常自己拉伸一下上身防止僵硬，这种骑法我可以骑一整天。

会骑马的人不累还有一个重要因素，就是马是有灵性的动物，骑行过程中骑手可以跟马交流配合，这就给这项运动增加了很大的趣味性。有些马欺生，会欺负头一次见面的新人，装出不适应的暴躁样子乱走乱甩头，就好像小孩子不情愿上学就在地上打滚假装肚子痛一样。但是等骑手做几个起坐跟它配合上之后，它就明白遇上熟手了，这时候能明显感觉到它开始示好，之后操控起来自然也得心应手。当然如果你是不会骑马的新人，马也会看人下菜碟地欺负你，知道你不行就压根不服你管，这一点跟一些人在职场里看不起没有能力的前辈或领导的心态一模一样。如果在骑行途中骑手跟马配合得好，马也会高兴，高兴了脚步就会轻快很多，而且还会嚼它的口衔，嚼得满嘴泡沫，这叫"受衔"，就跟咱们心情舒畅的时候不自觉地抖腿一个道理。

说到骑射，我骑马技术还算可以，步射练得虽然不多，但也去射箭馆练过几次，技术动作多少了解一些，所以初次尝试骑射时，除了对释放时机不熟悉需要找感觉之外，其他倒是没觉得有什么特殊难点。很多人说骑射只能用特殊的弓，拉力要比步射弓小，我倒是没有这个感觉，也可能是我用的磅数本来就不高，对于我来说马上开弓和平地开弓没什么区别。玩骑射的人里面也没听谁说还要专门用骑弓的，大家用的就是平时步射用的弓。就我自己的实践体验而言，开弓靠的主要是"膂力"，也就是脊柱两侧那两竖条肌肉，下肢力量对开弓的影响目前看来不大，可能只有拉硬弓到极限的时候才会有影响吧。但是谁上战场会拿一把挑战自己极限拉力的弓呢？真正的难点反而是释放时机，马背像波浪一样起伏不定，要找到一个合适的释放点才能保证中靶，这一点很难。就好像一边在海浪中漂浮一边扔鱼叉捉鱼，命中率绝对要比步射差好多。不过熟悉了"打浪"之后，我发现马在空中会有一个短暂的腾跃时间，也就是"起坐"中"起"的时间，在到达最高点即将下坠的一瞬间会有一个悬停，抓住这个瞬间释放箭矢可以将马背起伏的影响降低很多。

当然了，骑射圈肯定不是射射箭就算过瘾了的，大家都喜欢玩各种花活，什么左右开弓、背弓射、回射等。这些虽然看起来炫酷，但更多属于表演性质，确实很难，但绝不是古代轻骑兵的主要战术。除非是跟对方轻骑兵遭遇，边跑边还射的情况下才稍微派得上用场。距离稍远一点，命中率就会奇低无比，估计也就是能对追兵起到点心理威慑，告诉他们：我也是会还击的，你们差不多得了，别把我逼急了杀回去极限一换一。但说实话，如果追兵真到了你射程之内，通常也就二三十米，哪还有机会回射，人家恐怕早把你射落马下了。

轻骑兵真正的作用是试探和骚扰，这也是李世民最喜欢的方式。每次两军对垒李世民都会亲率轻骑兵掠过敌阵试探敌方虚实，这个过程中会射箭，但绝不是近距离边跑边射，左右开弓。轻装骑兵在重装步兵射程内跟人家对射怎么可能赢呢？一是人家步射，比你准；二是人家着甲，就算你射中了也透不进去。所以轻骑兵根本就不是这么用的。那如何用呢？李世民会让他的轻骑兵绕着敌人军阵寻找弱点，如果认为某一处有机可乘就会试探着射几轮试探虚实，注意这里不是平射，而是抛射。他们会纵马到最大速度，应该可以达到20米/秒。如果弓箭的初速度是100米/秒的话，叠加马速之后速度至少可以增加20%，再加上马的高度对射程有加成，这时射程应该可以增加20%以上，这样一来就可以在敌人弓箭的射程之外实施骚扰。如果敌人阵型发生骚乱，那可太好了，这很可能意味着找到了对方的阵型弱点，李世民会调动后面的重骑兵针对这个弱点进行冲击。如果敌人阵型丝毫没有反应，也不要紧，反正轻骑兵机动性强，换一个位置再去试探就好。而且不一定一次只派出一支轻骑兵出来试探，可以派出多支轻骑兵到处试探，甚至反复试探。除非对方的阵型真的铁板一块，否则漏洞很快就会被他试探出来。就凭借着这样的战术，李世民几乎每战都能找到合适的突破口，然后精骑冲阵把对方阵型冲散，之后会发生什么大家心里也清楚了。

当然了，敌人也不傻，你派出轻骑兵试探骚扰，人家也不会坐以待毙，也会派出轻骑兵对你进行反骚扰，而且很可能两边的轻骑兵会先交火，这时候那些左右开弓之类的招数才有可能派上用场。不过就算对方没有轻骑兵跟你对抗，你也未必稳操胜券，例如当年曹魏的虎豹骑可以说横扫天下无人能敌，但是遇到诸葛亮的车阵也是一筹莫展，因为人家就可以把兵练到没有弱点的程度，你随便试探，人家围成八阵，你从哪个角度进攻都一样，毫无效果。所以司马懿虽然手握虎豹骑，但是对付诸葛亮也只能用一招，就是龟缩防守。因为步兵机动性差，所以虽然司马懿野战打不过诸葛亮，但只要他缩在营里诸葛亮也拿他没办法。

所以说，骑兵的绝对优势在于大范围机动，而非骑射。只不过古往今来练兵能练到诸葛亮那种程度的又有几个呢？以至于骑射这种"显眼"的技能反而被放大了重要性，让人误以为它是骑兵的主要优势。

汉匈之战的拉扯真相

我们都听过陈汤那句经典的"明犯强汉者,虽远必诛",其实他在《汉书·傅常郑甘陈段传》里还有另一句名言:"夫胡兵五而当汉兵一,何者?兵刃朴钝,弓弩不利。今闻颇得汉巧,然犹三而当一。"大意是,为什么五个胡兵才能抵得上一个汉兵呢?因为胡人的兵器粗糙不锋利,弓箭也不好用。现在听说他们学到了一些汉人的技巧,但仍然需要三个胡兵才能抵得上一个汉兵。

陈汤的话还是比较可靠的,毕竟人家率军诛杀郅支单于,把脑袋都挂上了旗杆。所以,汉匈战争跟咱们想象的场景可能不太一样。受电视剧误导,大家总是习惯性地把匈奴想象成人高马大的凶残"野人",汉人则是瘦弱的待宰羔羊,一直被欺负,实在忍无可忍最后拼死一搏才把匈奴给灭了。而现实中,匈奴的形象跟我们固有的认知可能大相径庭。他们骑的是蒙古马,这种马身材比较矮小,头比较大,爆发力一般,但耐力很好,关键是好伺候,吃草都能长膘。而匈奴人呢?因为缺乏营养,他们不可能长得特别高大,加上在草原上风吹日晒,个个都是黑里透红。因为游牧民族,居无定所,所以很难发展出成规模的工业,绝大多数时间处于缺衣少用状态。不用说丝绸,就是麻布都生产不了,所以只能穿牛羊皮。弓箭、兵器这些装备也没办法经常更换,说好听的叫祖传兵器,说不好听的全家就那一把刀,没了买不到新的。

而经过了文景之治的汉人则正好相反,农业生产的效率远高于游牧,再加上定居生活,汉朝人的身体素质和装备根本就不是匈奴人可比。一队装备精良的汉军,远远望着一群匈奴人骑着蒙古马杀过来,是一种怎样的观感?我猜他们心里一定在暗骂"这群不要命的叫花子又来了,真是记吃不记打"。

那为什么西汉前期还要对匈奴采取和亲政策呢?不是因为打不过,而是因为打起来不划算。人家为什么叫游牧民族,因为整天骑在马背上四处转悠。往哪转都是转,而且本来就缺衣少食,刚好溜达到这儿了,刚好看兄弟你这儿有,刚好我又缺这个,抢一把不过分吧?抢了就跑,谁能追得上。而大汉境内本不产马，靠着步兵两条腿去追人家四条腿，根本就是不可能的事。当然了，要说硬追也未必完全不行，毕竟匈奴也不是一直跑，总要驻扎。刘邦就是这么想的，结果咬着牙追上去，后援和补给都跟不上，于是就有了"白登之围"，最后还是凭着陈平的"阴谋"才得以脱险，自那以后算明白了经济账，才开始和亲。

还有咱们前面提到的李陵，五千步兵孤军深入匈奴境内，三万匈奴骑兵包围，结果硬是斩杀几千人，差点把对面打崩。后来匈奴增兵到十万，李陵没有补给，最后弹尽粮绝，没办法只能投降。刘邦和李陵肯定都觉得自己打匈奴没问题，所以才敢这么追。这也从一个侧面反映出，硬碰硬匈奴真不是个儿。但匈奴也有自知之明，知道打不过为啥还要跟你打呢？人家只是为了生存，抢点生活必需品而已，抢到了就跑，抢不到也跑，只劫财，不玩命。对于这帮草原武装"叫花子"，与其花钱跟他死磕，还不如和亲安抚。

总结起来，匈奴的特点就是战斗力弱，机动性强，汉军打得过，但是打不着。偶尔他们脑子抽风跟汉军死磕，汉军胜了却没办法歼灭。打散之后又各自跑回各自部落，休息一阵子发现活不下去了，又招呼一声，于是没锅做饭的叫花子们群起响应就又凑出了一波队伍。

可以忙，不可以"穷忙"

孙子曰：凡先处战地而待敌者佚，后处战地而趋战者劳，故善战者，致人而不致于人。能使敌人自至者，利之也；能使敌人不得至者，害之也。故敌佚能劳之，饱能饥之，安能动之。出其所不趋，趋其所不意。

战争中，先到战场的一方，可以以逸待劳，后到战场的一方则处于被动。因此善战者要充分调动敌人，让对方疲于奔命，而不能被敌人牵着走。怎么才能调动敌人呢？靠利诱，让他们觉得劳师动众是有利可图的，他们才会被调动起来。相反，如果有些地方我们不想让敌人去，就要让他们觉得去了有害无利，那他们自然会避开。利与害相辅相成的运用，目的就是让敌人疲于奔命，让他们粮草不济，让他们坐立不安。要打就要打得敌人猝不及防，出其不意。

行千里而不劳者，行于无人之地也；攻而必取者，攻其所不守也；守而必固者，守其所不攻也。故善攻者，敌不知其所守；善守者，敌不知其所攻。微乎微乎，至于无形。神乎神乎，至于无声，故能为敌之司命。进而不可御者，冲其虚也；退而不可追者，速而不可及也。故我欲战，敌虽高垒深沟，不得不与我战者，攻其所必救也；我不欲战，画地而守之，敌不得与我战者，乖其所之也。

长途行军而不疲惫，是因为一路无人阻挠。进攻就可以攻克，是因为进攻的是敌人防守薄弱的地方。防守可以固若金汤，是因为我们选择防守的地方不利于敌人进攻。善于进攻的将领，敌人不知道该重兵防守哪一处；善于防守的将领，敌人找不到破绽，不知道该如何进攻。这里面有着错综复杂的因素，所以很难将其具象化。通过对所有因素的计算与把握，就可以神不知鬼不觉地掌控战场主动权，将敌人玩弄于股掌。进攻使得敌人无法招架，是因为我方如同流水，瞬间充满了他们的空虚地带。撤退使得敌人追无可追，是因为我们的撤退出乎敌人意料，让他们来不及追赶。如果我们希望交战，就算敌人深沟高垒防御，也不得不与我们交战，因为我们攻击了他们必须救援的地方。如果我们不希望交战，就算画地为牢，敌人也无法逾越半步，因为我们将他们引导到我们希望他们去的地方，以上两点可以参考孙子后人孙膑的经典战例——"围魏救赵"。

打过羽毛球的同学应该会有深刻体会，当我们与高手过招时，他们的回球总是回到我们意想不到的地方，人家不发力，球速也不快，可我们就是跑过去很吃力，就算跑到位了也是怎么接球都别扭。相反的，我们回球的时候，看着高手的站位总是有一种无力感，因为他总是站在我们能够回球的线路上，感觉怎么打都会打到他手里。为什么会这样？因为高手从第一拍起思路就是连贯的，他每一拍回球的目的性都很强——就是让我们疲于奔命。他知道打哪里我们接起来不舒服，所以他就专门挑那个区域打。而当我们接球不舒服的时候，回球线路就进一步受到限制，只能回到很小的一个范围，所以他就去那里等着我们。以至于用不了几个回合，我们已经累得气喘吁吁，而高手却仍旧闲庭信步。

这就是虚实的运用，管理也是同理，永远提前做好计划，想清楚最终目标是什么，做每一个任务的目的又是什么，任务如何为最终目标服务。所谓预则立,不预则废,只有规划好每一步,你的管理思路才能连贯,团队执行起来才觉得顺畅。否则就是东一榔头,西一棒子,每件事都不挨着,团队疲于奔命,你自己脑子也一团乱麻。结果却事倍功半,没日没夜加班加点,到头来什么业绩都没拿到,这就叫"穷忙"。

越是名将套路越深

故形人而我无形,则我专而敌分。我专为一,敌分为十,是以十攻其一也,则我众而敌寡;能以众击寡者,则吾之所与战者,约矣。吾所与战之地不可知,不可知,则敌所备者多;敌所备者多,则吾所与战者,寡矣。

迫使敌人暴露他们的作战意图,但却不让他们抓住我方的作战意图,如此一来,敌人的战力便会分散,我方的战力则可以集中。双方本来势均力敌,但是敌人将战力分为十份,我们却集中战力,那么便可以形成以十打一的局势。我众敌寡,我们以众击寡,就可以牢牢束缚住敌人,这就是我们能够战而胜之的原因。让敌人摸不清我们要从哪里发起进攻,既然不知道进攻地点,就要处处设防,处处设防,兵力便分散。敌人兵力分散,而我方兵力集中,就可以以众击寡。

以羽毛球为例,为什么要强调"动作一致性"?就是让对手无法判断我们的回球路线。做不出判断,他就要把防守精力分散到全场,因为处处都可能是落点,所以处处都要防。而我们则有自己清晰的战术思路,果断地攻击其中一点,这样对手就陷入被动,甚至可能直接丢分。

故备前则后寡,备后则前寡,备左则右寡,备右则左寡,无所不备,则无所不寡。寡者,备人者也;众者,使人备己者也。

防守重点放在前面，后面就薄弱，重点放在左面，右面就薄弱，处处都是重点，那就处处都薄弱。为什么会这样？因为暴露了战术意图，所以只能处于被动。敌人被动，我主动，选择权在我手里，我可以挑一个薄弱点发起攻击，那当然是以众击寡了。

羽毛球场上，对方动作一致性不好，或者战术过于简单，接发球只会挑后场，那我当然就可以在后场等着他。球挑过来时，我早就到位了。我的动作一致性好，战术隐蔽，他猜不出我要打哪里，那么我自然就占据主动，处处都是攻击点。

> 故知战之地，知战之日，则可千里而会战。不知战地，不知战日，则左不能救右，右不能救左，前不能救后，后不能救前，而况远者数十里，近者数里乎？

我们自己选择的地点，选择的时间，一切尽在掌握，那么即使千里之外也可以过去交战。不是我们选的地点和时间，就会造成被动，前后左右，就算近在咫尺都无法相救。为什么会这样？因为对手选择了对他有利的时间地点，人家占据了主动，我们处于被动，自然只能被人牵着鼻子走。

还是用打羽毛球打比方，对方杀球之后直接就上网（快速跑到网前准备拦截），是因为他认为我们陷入了被动，这球就算接起来也一定是一个网前小球，所以直接就上网等着扑杀，这是他选择的地点。我们怎么办？当然不能配合他的思路，即便回后场很难，质量也不高，但是就算过渡一拍，也不能让他舒服了。因此，无论如何也不能回网前球，就是要硬顶一个后场。

不论是战争、打球、下棋，其实都是双方博弈。管理中也充满博弈，对上级、对平行部门、对下级，只要有人的地方就有博弈。而博弈的关键就在于隐藏自己的想法，猜透对手的想法。不断设置陷阱，引诱对手暴露真实意图，然后对症下药，解决问题，从而做到"形人而我无形"。

从没有一招鲜吃遍天的好事

> 以吾度之，越人之兵虽多，亦奚益于胜败哉？故曰：胜可为也。敌虽众，可使无斗。故策之而知得失之计，作之而知动静之理，形之而知死生之地，角之而知有余不足之处。故形兵之极，至于无形。无形，则深间不能窥，智者不能谋。因形而错胜于众，众不能知；人皆知我所以胜之形，而莫知吾所以制胜之形。故其战胜不复，而应形于无穷。

在我看来，越人的兵力虽多，但是如果运用不得法，就算人多，又会对胜利起到什么作用呢？所以说，胜利不能只看纸面实力，还是要靠灵活应变。细心的同学可能会发现，孙子在《军形篇》中还说过一句相反的话，"胜可知，而不可为"，而这里为什么又说"胜可为"，这难道不是自相矛盾吗？

我们读书，要把文字放在上下文里面读，切不可断章取义，那么现在放回原文中来对比着理解一下孙子的意思。

《军形篇》中，孙子之所以说"不可为"，是对比"先为不可胜"而言，因为"不可胜在己"，"可胜在敌"，意思就是说，我们管不了敌人，但是可以管好自己，也就是孟子的那句"凡行有不得者，皆反求诸己"。在这个对比关系中，"胜"当然是不可为的，只有"不可胜"才是可为的，因为只有这一点自己才说了算。

虚实篇　布自己的局，下对手的套

而在这一篇中，"可为"对比的是"兵虽多"，所谓主帅无能，累死三军，历史上因为指挥失当被对手以少胜多的例子还少吗？所以不要太把纸面实力当回事，如果纸面实力管用，那还打仗干吗，直接拉出数据比一下不就好了？所以，就算实力再强，也不可有轻慢之心，毕竟这是"死生之地，存亡之道"。

既然说"胜可为"，那么要如何为呢？总结成四个字，就叫避实击虚。敌人虽然兵力强大，但我们可以通过运作，让其对我无从下手。好比下象棋，即便你的子力比我多，但因为我占先，所以我总是可以快你一步去攻其必救。如此一来你就只能疲于应付，子力再多也派不上用场，没办法对我攻杀，只能被牵着鼻子走。这也就是为什么棋谚说"宁丢一子，不丢一先"，而弃子攻杀也经常会出现神来之笔。

那么如何运作才能让敌人对我无从下手呢？通过计算，推导出每一步的利害得失。好像打DOTA（一款策略性电脑游戏），高手们一定会计算对手的攻击速度，攻击距离，单次伤害，自己护甲的减伤，自己的血量等等一系列数据，最后得出一个结论，这次单挑能不能取胜。算得越准，取胜的概率也就越大，高手对决所追求的就是，虽然赢了但自己也只剩下<u>一丝丝血量</u>，称为"<u>丝血反杀</u>"。另外通过挑逗来判断对方行动规律。DOTA中高手对线会时不时就去攻击对方一下，除了消耗他的血量，最主要还是为了了解对手特点，是冲动型还是稳健型？只有摸透了他的性格习惯，才能更有针对性地应对。

通过调动对方的部署从而发现他的命门。例如粮草，可以说冷兵器战争中所有部署都围绕着粮草，包括粮仓和粮道。而粮草又是行动最迟缓的单位，所以军队一旦被调动，粮草就有可能暴露位置，从而被抓住破绽。又例如战斗力较弱的部队通常被放在后方，因为他们受到攻击时难以保持阵型，而他们阵型一乱就会影响整个部队，一旦崩盘，就会连累精锐部队，阵型没了再怎么精锐也派不上用场，这种连锁反应叫兵败如山倒。很多以少胜多的战役，就是抓住了那部分"弱旅"发动突击而取胜的。就像DOTA团战（双方各有多人参战）

切后排（血少防御力弱的角色往往站在后面，先杀他们），也像篮球比赛追着打爆对方一个防守弱点。

通过试探进攻来判断是否可以攻得下来。就像篮球进攻时的假动作，找个位置尝试突破，如果对方被晃开那就摆脱得分，如果对方不吃晃，那就转移球寻找另一个突破点。

而兵力运作的极致就是将以上所有方法融会贯通，固化到潜意识里面，战争态势变化了，我们的方法也自然而然地跟着变化。好像打篮球突破过人，我们做出假动作，通过观察对手的位置、移动、重心变化等诸多因素来判断下一步应该采取的策略。而针对这些微小细节做出的决策并不是现场分析的结果，因为那样根本来不及，而是通过长期训练与实战固化到潜意识中的下意识反应，只有这样才能做到"随心所欲不逾矩"。

一旦做到这个程度，那么就算是间谍也无法窃取情报，就是再智慧的人也无法了解我的作战意图。因为通过长期的训练与实战，我已经迭代出了一套"混沌系统"，别说外人，就算我自己都说不清楚为什么会这样做，只是"就知道该那样"。可能大家事后看录像分析，发现我是用交叉步过了对方，至于当时为什么要用交叉步，可就没人知道了，所谓"运用之妙，存乎一心"。而我过人十次，可能用到十种不同方式，就算过得再多，每次也都会有无数细节上的差异，以至于我方的方法看上去无穷无尽。

> 夫兵形象水，水之形，避高而趋下，兵之形，避实而击虚。水因地而制流，兵因敌而制胜。故兵无常势，水无常形，能因敌变化而取胜者，谓之神。故五行无常胜，四时无常位，日有短长，月有死生。

兵力运作就像水，水没有固定形状，只是从高处流下，兵力运作也类似，总是避开敌人的精锐而去攻击薄弱环节。水根据地势决定走向，用兵根据敌人的情况决定制胜策略。所以，用兵没有一劳永逸的取胜之道，切不可教条，就像水没有永恒不变的形态。能够根据敌人的变化随机应变而最终取胜的，才是真正的用兵如神。对任何复杂的实践活动都不要心存幻想，尤其在管理中，从来就没有一招鲜吃遍天的好事，就像五行相生相克，四时轮转交替，白天夏长冬短，月有阴晴圆缺。

《 军争篇 》

名将都是节奏大师

《虚实篇》讲了在布局阶段如何积累优势,而当优势积累到了一定程度,形成"以实击虚"之势,接下来就要进入战场开始作战了。

有节奏，才不会被带节奏

孙子曰：凡用兵之法，将受命于君，合军聚众，交和而舍，莫难于军争。军争之难者，以迂为直，以患为利。

孙子认为，就用兵而言，将领受到君主的任命，组织军队，调动民力，与敌对垒，最难的莫过于"军争"了。为什么军争最难呢？军争好比象棋的"中局"，之前我们讲"兵势""虚实"，这些是开局。开局阶段形势过于复杂，以至于我们只能去把握一些高度抽象的原则，例如"形敌而我无形""避实击虚"等。既然过于复杂，整个演进节奏也就会比较缓慢，双方将领的水平在这个阶段还难以分出高下。就像下棋，大家都背过棋谱，走的都是谱招，也就是被前人验证过的最优策略，所以孰优孰劣并不那么分明，大家拼的是少犯错。

而一旦进入中局，大战一触即发，节奏越来越快，如此快节奏下我们的有效抓手越来越少，而大家比的就是谁能够抓住有限的几个抓手，将对手拖到自己的节奏中来。而一旦进入了自己的节奏，那就意味着对方的节奏被打乱。我们按部就班，敌人疲于奔命，高下立现。好比马拉松比赛，我熟悉的是高步频，小步幅，也就是俗称的小步快跑，长此以往我的心肺自然也会适应这种节奏。而对手熟悉的是低步频，大步幅，那么一旦他受到我们的影响，被带动着加快步频，用不了多久他的心肺就会承受不住，开始上气不接下气。那他还能跑得远吗？不岔气就已经不错了。

既然节奏这么重要，那要如何控制节奏呢？答案是随机应变，善于利用客观条件，把远路转变为近路，把不利转化为有利。

> 故迂其途，而诱之以利，后人发，先人至，此知迂直之计者也。军争为利，军争为危。举军而争利则不及，委军而争利则辎重捐。是故卷甲而趋，日夜不处，倍道兼行，百里而争利，则擒三将军，劲者先，疲者后，其法十一而至；五十里而争利，则蹶上将军，其法半至；三十里而争利，则三分之二至。是故军无辎重则亡，无粮食则亡，无委积则亡。

例如迂回前进，但是通过利诱对敌施行缓兵之计，通过精确计算，控制双方时间，以至于后出发却能先抵达战场，能够做到这样，才算是掌握了"迂直"变化。军争有利益就一定有风险，二者是矛盾的对立统一体。带着全部辎重行军速度自然缓慢，会延误战机；不带辎重轻装前进，快倒是快，但是没有给养，饿着肚子也没法打仗。而一般的急行军规律大概是这样的：轻装简从，昼夜不停地急行军，一天走两天的路，奔赴百里之外抢夺先机，如果直接开战，结果就是全军覆没。即便正常行军，精锐部队在前，老弱残兵在后，一般来说最后能按预想时间到达指定地点的也只有十分之一。如果每天急行五十里，那么前锋必然被敌军挫败，一般也就半数的人可以按时到达；就算每天只是急行三十里，最后也只有三分之二的人能按时抵达。然而，就算如期抵达的那部分人，没有辎重怎么生存，没有粮草怎么活下去？没有物资储备灭亡是迟早的事。

> 故不知诸侯之谋者，不能豫交；不知山林、险阻、沮泽之形者，不能行军；不用乡导者，不能得地利。故兵以诈立，以利动，以分和为变者也。故其疾如风，其徐如林，侵掠如火，不动如山，难知如阴，动如

雷震。掠乡分众，廓地分利，悬权而动。先知迂直之计者胜，此军争之法也。

不了解他国君主战略意图就不能与之结盟，这会极大地影响行军；不了解山林、险阻、沼泽等地形就无法行军；不用当地人做向导就无法掌握当地的地形优势，也就无法高效行军。用兵的根本是欺骗对手，同时伺机而动谋取优势，知道什么时候该分兵什么时候该合兵。急行军如长风般迅捷流畅，毫无停滞；驻扎整顿时像松林般整齐划一；攻城略地时像烈火般凶猛无情；对垒防守时像高山般岿然不动；军队动向好像藏在乌云之上难以揣测；而一旦出动则雷霆万钧，势不可挡。抢夺敌方资源时应四面出击；占领敌方土地应分兵扼守要害，分割敌人使其丧失整体优势；根据实际情况，分析形势，随机应变。只有率先掌握"迂直之计"的将帅，才能赢得胜利，这是军争所应遵循的原则。

总之，谁能够抢先抵达战场占据有利地位，谁就在"中局"取得了胜利。讲的都是"迂直之计"，而所谓"迂直之计"并不是单纯的地理因素，也不只是行军速度因素，讲究的是"节奏"。

为什么一再强调节奏呢？

这就好比打篮球，你想突破过人，并不是速度越快越好。就算速度再快，人家发现了你的意图，也可以放两步防，远远地在必经之路等着你，反正你总要经过那里，到时候还不是一头撞到人家怀里。那要如何才能过人呢？靠的是假动作，打乱他的防守节奏，让他的重心移动，而你则利用他重心偏移的瞬间，错开节奏突破过去。

又好比下棋，有一个经典谱招叫作"五步穿堂马"，这匹马每跳一步都落在对方所必救的位置上，一个子连走五步，看似很慢，但因为步步正中要害，使得对方只能按照我们的节奏疲于应对，根本无暇调动其他子力。然而，不管他怎么补救，最终仍然会被这匹连走五步的马踩掉一个车。

放到管理中，你甚至可以把领导视为博弈对手，尽可能去预判他的预判，这叫"向上管理"。交给你的项目，预计他明天上午会问进展，你就打好提前量，今天晚上主动跟他汇报。几次之后，领导便习惯了你的主动，不再催你。得了先手，就继续把优势扩大，领导不催你，你却反过来催领导。本来帮领导做项目，你却比领导自己还上心，你说领导怎么想？当然会对你更加信任。之后你再催他，很可能得到一句答复，"你看着办就行"。到这时，你已经彻底抓住了节奏，反客为主。从此只要由你负责的项目，你就是老大，领导不过是你需要利用的资源罢了。

摒弃"暴饮暴食"式管理

《军政》曰："言不相闻，故为之金鼓；视不相见，故为之旌旗。"夫金鼓旌旗者，所以一民之耳目也。民既专一，则勇者不得独进，怯者不得独退，此用众之法也。故夜战多金鼓，昼战多旌旗，所以变人之耳目也。

要打乱对手节奏，也要控制自己的节奏，那么如何才能控制自己的节奏？答案在《军政》中，这是一部更古老的兵书，现已佚失。但从《孙子》的转述中我们可以知道，《军政》中规定了军队内部信息传递方式。因为战场嘈杂，喊话听不见，所以要用金鼓；因为战场广阔，动作根本看不清，所以要用旌旗。金鼓旌旗是统一的信息传递工具，所有人只听一个号令。号令统一后，就不允许勇者一个人冲在前面，也不允许懦夫独自后退，这就是指挥大部队的方法。夜间看不清旌旗，便多用金鼓；白天看得清旌旗，便多用旌旗，这些是军队的耳目。有了耳目，大家一致行动，将领自然可以掌控节奏。

三军可夺气，将军可夺心。是故朝气锐，昼气惰，暮气归。善用兵者，避其锐气，击其惰归，此治气者也。以治待乱，以静待哗，此治心者也。以近待远，以佚待劳，以饱待饥，此治力者也。无邀正正之旗，勿击堂堂之阵，此治变者也。

节奏也不只局限于行军，军队士气、主将的心理波动也有节奏，我们可以利用这些因素尽可能地取得优势。例如战争初期士气旺盛；过了一阵子到了相持阶段，士兵开始疲惫，士气便会下降；相持久了，人心思归，逐渐便无心恋战。把握住这个心理节奏变化，我们便可以调整好己方心态，等待对方心理崩溃自乱阵脚，甚至不用打自己就哗变了，这就是心理战。以近待远，以佚待劳，以饱待饥，这是正面战争。如果敌人阵型严整，士兵斗志高昂，那就暂时不要进攻，等到他们懈怠，有了可乘之机再进攻，这就是战场应变之法，还是靠节奏。

　　故用兵之法，高陵勿向，背丘勿逆，佯北勿从，锐卒勿攻，饵兵勿食，归师勿遏，围师遗阙，穷寇勿迫，此用兵之法也。

　　另外，不要仰攻高地，因为地形劣势太明显；敌人背靠着山则不要迎击，因为同样面对地形劣势；敌人佯装败退不要追击，很可能会中埋伏；不要进攻敌人的精锐，要避实击虚；不要禁不住敌人诱惑暴露了己方弱点；不要阻拦敌人撤兵，因为他们归乡心切会与你死斗；包围时要留缺口，否则敌人一旦失去生的希望便会横下心决一死战；敌人陷入绝境时不要逼迫，同样会引发激烈反扑。这些也都是用兵的细节。

　　总结下来核心还是两个字，节奏。行军的节奏，指挥的节奏，心理的节奏，以及什么时候能打，什么时候不能打的节奏。把握好所有这些节奏，你便可以在中盘占得先机。而一旦中盘占先，残局通常也就好收拾了。

　　职场和战场有什么区别呢？不论是管理自己的工作进度还是管理团队项目进展，都需要把控节奏。项目是一场马拉松，不是跑得快就能赢，也没办法一蹴而就，把握好节奏才能坚持到最后。有些人工作的时候容易陷入两种极端，要么一下突然来感觉了，就变得特别专注，一旦沉浸式写方案就开启了自嗨模式，满脑子都想着今天必须搞完才罢休，有时候会熬夜到一两点还在两眼放光，不做计划，埋头就是干。结果第二天拖着透支的身体爬起来一看，又冷静下来了，觉得昨晚的想法好像也没那么惊艳，甚至有点剑走偏锋。于是又进入了另一个极端，本来就身心疲惫，再看看满当当的任务列表直接兴致全无，拖延症立马上线，就算硬着头皮上手也是频频分心。

　　职场上怎样才是好的节奏？制定好计划，细分成一个个小任务，每个任务设定好明确交付物作为里程碑，按照任务的优先级管理自己的时间块，或者与团队充分沟通得到认可后，交给他们去做。像打游戏一样，每天都能完成一个任务，点亮一座里程碑，心里获得一些成就感，对下一个任务充满期待。如果你是管理层，就更不要揠苗助长，心里惦记一个项目就三番五次地去催进展，员工还没摸清项目的底子，就已经被你催得失去了好好搭建的欲望。只需要做好时间节点的管理，在他们需要帮助时，偶尔提供资源或建议就行。让团队找到掌控节奏的感觉，成为项目的主人，这样他们就会不用扬鞭自奋蹄。而你只需坐在幕后，听他们每天给你汇报进展。让他们掌握主动，而你却牢牢掌握着项目进程，这才是最好的管理节奏。

帝国双翼的矫健飞行

中国历史上，论开疆拓土，恐怕没人能比得上卫青、霍去病这甥舅二人。"瀚海饮马，封狼居胥"在任何一个热血少年眼里都是顶级"燃"的存在。卫青扫平漠北，霍去病凿通西域，中国的疆域有一半是这两位打下来的。后世帝王给予武将的最高评价，也不过是"朕之卫霍"，称之为帝国双璧再合适不过。他们的不世之功是如何达成的，其中又有哪些暗合了兵法呢？

大汉骑兵的奠基

卫青作为大汉骑兵的奠基人，实现了汉匈战争从无到有的冷启动，到了他外甥霍去病那里则集大成。如果说卫青有什么奇特之处的话，可能只有一点，那就是这个人谦虚得令人发指，谦虚到终武帝一朝，即便位极人臣，但上到汉武大帝，中到官僚豪族，下到黎民百姓，居然没人好意思诋毁他。要知道在汉武帝的威权之下想要善终可不是什么容易事，可卫青偏偏做到了。死后汉武帝把他的陵墓修成了阴山的形状，要说一个人能在如此险恶的环境中做到这个份上，也算是古今罕有了。

卫青是骑奴出身，身体素质和马上功夫自然不在话下。也是运气好，姐姐卫子夫阴差阳错被汉武帝宠幸，怀了龙种，于是卫青这个可怜孩子摇身一变成了外戚。而此时汉武帝正在被他奶奶窦太后压制，满朝勋贵豪族他自然搞不定,但是这样一位雄才大略的君主怎么能受这个气,他也在处心积虑地想要拿回权力。可放眼望去,满朝文武居然没一个自己人,怎么办?没办法,只能从朝堂之外找人,于是他的目光落在了卫青等一众草根身上。

窦太后一死,汉武帝马上开始行动,拜舅舅田蚡为丞相,开始打压窦氏,同时放纵田蚡专横跋扈。几年后便以"灌夫骂座"为借口,杀了灌夫、窦婴,窦婴是挺冤枉,但是没办法,在汉武帝的霸业面前谁挡道都要死。这件事之后勋贵豪族开始失势,而此时田蚡居然也非常知趣地病死了,而且据说是被灌夫、窦婴的冤魂索了性命,至于真相只能靠你细品了。

两任丞相前后脚死了,豪族势力被打压,那么权力去哪了呢?当然被汉武帝攥在手里。于是他马上启用一批人,主父偃、公孙弘、张汤等,他们的共同特点就是没什么身份,这批人里当然也包括卫青,他虽然是外戚,但却是没有任何身份的草根外戚。转眼第二年,汉武帝开始了汉匈之战,卫青第一次走出新手村,出上谷,练级的对手是匈奴右贤王部,地点就在大兴安岭西麓草原一带,也就是今天坝上草原那一片。同时一块出去的还有另外三路,分别针对单于本部和右贤王,结果两路败走,一路无功而返。唯独卫青这一路在茫茫草原上找到了匈奴人祭天的龙城,杀了几百匈奴。

这是汉代主动出塞攻击匈奴的第一战,以前基本毫无经验,汉军从上到下心里也根本没底,打败仗也是在情理之中。虽然这个龙城在草原上很可能并不是一个定居点,因为坝上草原那一片至今都不适合耕种,不耕种自然难以定居,不然也不会只俘获了几百人。但这并不重要,重要的是这是匈奴人的祭天圣地,在汉人看来这个地方被端了,都相当于灭国了。更重要的是,这说明匈奴不是不可战胜的,说明汉武帝的判断是正确的,说明这仗打下去是有胜利希望的,因此也证明了汉武帝集权的正当性。再加上卫青没有根基的外戚身份,汉武帝终于可以名正言顺地扶植自己在军界的代理人。而卫青也没有让汉武帝失望,这次打怪练级涨了不少经验,于是休整一年后,再出雁门二伐匈奴。这次就有实打实的战果了,"长驱而进,杀数千人"。这是汉匈战争中汉人第一次大胜，卫青升级了。

第二年匈奴实施报复，左贤王部（可能也包含了单于部）大举入侵上谷、渔阳，先攻破辽西，杀辽西太守，又败渔阳守将韩安国，掳走数千百姓。但此时的卫青已经升级为完全体，出其不意攻击右贤王部所控制的河套地区。这一仗打得非常漂亮，他直接迂回到匈奴北部，切断了娄烦王、白羊王所部与单于部的联系，意图歼灭两部并收复河套，这一战略目标堪称前所未有的大胆，但人家就是这么坚决。结果也没让人失望：活捉匈奴数千人，夺取牲畜数百万，成功收复河套，并设立了朔方郡、五原郡，恢复了秦代的边塞防线，这场战役史称"河南之战"。

这一战的意义在于，大汉通过控制阴山山脉彻底封闭了北部的地理边界。从此，阴山以南再无匈奴，匈奴从河套地区出兵直抵长安的历史将不会重演。匈奴被挤压至阴山以北、大漠以南的狭长地带，这意味着匈奴连漠南也保不住。

至于最后的漠北之战，本来是打算让卫青带着外甥霍去病练级的，中间几经调整，目的是让霍去病直接对阵匈奴单于。可人算不如天算，最后却是卫青遭遇了单于主力。再加上李广、赵食其迷路，未能及时支援，卫青仅凭一己之力苦战，最终斩俘一万九千余人，但自身战马也损失殆尽。这场战役耗尽了大汉国库，汉武帝迫不得已开始卖爵以筹集军费。

别看大汉惨，匈奴更惨，卫青虽然没追到单于，但却发现了赵信城这个匈奴粮仓及军械库所在，匈奴几乎全部积蓄被卫青付之一炬，以至于此后数十年再没能力南下漠南。此战之后，卫青退居二线，霍去病闪亮登场。

不但要打败，而且要打服

种种迹象表明，霍去病拥有那个时代最强的个人能力。不论是骑射技术还是骑兵战术，他都堪称碾压一个时代的存在。他打匈奴，就像一个职业球员来到野球场，将场上所有人按在地上摩擦。在球场上，实力就是硬道理，打不过对手，管你是什么天王老子也没用，打服了对手，那你就是大哥，这片场地你最大，你说什么就是什么。霍去病正是这样一个绝顶高手，在草原这片"赛场"上凭本事彻底碾压了匈奴这帮主场选手，硬生生把他们打得心服口服，不得不低头。

虽然没有确切史料，但根据仅有的记载分析，霍去病应该是从小就开始被专业培养，并且经过层层筛选，最后优中选优站在金字塔尖上的职业骑射运动员加专业骑兵队长。为什么说是专业培养？因为汉匈之战，汉军面临最大的问题根本不是打不过匈奴，而是打不着匈奴。一是因为匈奴骑马，抢一票就走，兵去少了打不过，兵去多了，人家打不过就跑，你还追不上。二是匈奴是游牧民族，大草原上随便跑，跑到哪不知道，连找都找不着还怎么打？

怎么解决这两个问题？办法就是在汉军中训练出一批比匈奴人还专业的职业骑射运动员，这些人要像匈奴一样生活在马背上，要精通骑射，要熟悉草原生活。只有这样的人才能找到匈奴，追上匈奴，并在草原大漠上消灭匈奴。霍去病很可能就是这种汉武帝挑选出来从小接受专业训练的苗子，因此《史记》说他从小就精通骑射。专业运动员训练大家知道有多苦吗？一般家庭的孩子，但凡读书有出路，谁愿意遭这份罪？你说人家一个外戚二代放着锦衣玉食的日子不过，为啥要去苦哈哈搞专业训练？十有八九就是汉武帝安排的，而且绝不可能是一个人训练，专业运动员成材率有一定比例，不会太高，更没有什么秘籍保证练一个成一个。跟霍去病一块训练的人绝不会少，天才就是靠人口基数堆出来的。

为什么偏偏是霍去病能脱颖而出？个人努力是一方面，但也不得不考虑他舅舅卫青的因素。卫青是什么人？曾经的骑奴，后来的大将军，大汉建国以来第一位现象级的骑兵将领，你说他会不会给外甥开小灶？而且霍去病是私生子，生下来没见过爹，长大了才相认，小时候基本就跟没爹一样，是卫青这个舅舅承担了父亲的角色。说他们情同父子可能不贴切，人家的关系不是父子胜似父子。所以李广的儿子李敢公然侮辱卫青，霍去病替卫青出气直接射杀李敢,就非常合乎人情了,这属于为父报仇,古往今来都名正言顺。

卫青给霍去病开小灶绝对不只限于骑射技术,肯定还包含了骑兵战术以及宝贵的作战经验,甚至还有跟匈奴人相处的经验。而霍去病的诸多骑射教练和队友中也有不少归附大汉的匈奴人。当然,卫青教得更多的应该还是做人,他自己是极其低调稳重的人,为人谦卑至极,哪怕位极人臣都没有受到构陷,这在历史上都非常罕见。那霍去病是什么风格?《史记》说他,"少言不泄,有气敢任",典型的职业运动员性格,废话少说,不服就干。他从小到大跟着舅舅一块,要是不受卫青影响就说不过去了。

所谓名师出高徒,要论当时骑兵的技战术和沙场经验,哪一个比得上卫青?再加上从小耳濡目染,霍去病早已养成了踏实做事的习惯,不脱颖而出才难。为什么汉武帝那么喜欢霍去病,把他当亲儿子一样对待?因为他就是那种"别人家的孩子",沉稳踏实,成绩优异,从来不用父母操心。当然了,他还没有爹,这是不是更让人心生爱怜?但凡雄才大略的人,不约而同都会有一个癖好,那就是爱才如命。汉武帝看到这么有出息的外甥,长得帅能力又强,看自己的眼里闪闪发光,全是对父亲一样的尊敬和崇拜,怎能不稀罕?更何况,当时皇权并不足够强大,勋贵集团的势力尤在汉武帝之上,他发动汉匈战争很大一部分原因就是通过战功实现集权。可问题是皇帝不能亲自去打仗,派勋贵集团去打,有了战功也是人家的,跟皇帝有什么关系?所以仗要打,还不能依靠勋贵集团,那还能靠谁?只能靠外戚,所以卫青被挖掘出来,现在又冒出个霍去病,汉武帝晚上抱着被子,想到这个上天的恩赐,恐怕都要开心地笑出声来。

汉武帝甚至想亲自教大外甥《孙子兵法》,可霍去病说"顾方略何如耳,不至学古兵法",意思就是说,打仗我按自己的套路来就行,用不着你那老一套。这不是霍去病不学无术,而是因为人家走的是骑兵方向,孙子讲的大多是步兵,没法对症下药。至于那些基础理论,人家肯定早已烂熟于胸,这么直言不讳说明人家有底气。汉武帝又要给霍去病成家,人家说"匈奴未灭,何以家为也",这就叫志气,你要是老板能不喜欢这样的下属?于公于私,汉武帝都是真的喜欢霍去病,这种人也是没办法不让人喜欢。

霍去病十八岁第一次跟随舅舅卫青出征,出征前就被汉武帝封为"剽姚校尉",这个称号以前没有,是专门为霍去病定制的,意思就是"又猛又快"。为什么封了这么个称号?因为霍去病的风格就是"又猛又快"。卫青肯定深知这个外甥的本事,第一次出征就给他八百精骑脱离大部队单独行动,让他想怎么打就怎么打。我估计这八百人应当是从小跟着霍去病长期进行专业训练,一块成长起来的职业骑兵,他们跟霍去病应该彼此非常了解,甚至个顶个都是霍去病的铁粉。而且其中很可能还有不少归附大汉的匈奴人,否则霍去病就算本事再大,找不到匈奴也没用。怎么找到匈奴?还得靠匈奴人。

打败别人是一种本事,打服别人是更厉害的本事,绝大部分匈奴人并不是被霍去病诛灭这么简单,而是被他打到心服口服,然后心甘情愿归顺了。浑邪王计划降汉后,手下部众密谋叛逃。之前我们讲过,匈奴那种部落制的组织能力,也就聚在一块抢劫还行,真想搞政治运动,什么王都不管用。浑邪王搞不定叛乱怎么办?霍去病帮你搞定,他带着他的精骑渡过黄河来到匈奴大营,二话不说就把造反的全收拾了,最后杀了八千多人,剩下的几万人就眼睁睁看着,硬是没敢动。最后浑邪王搞不定的这群匈奴人,乖乖跟着霍去病归顺了大汉。

但高强度的训练和作战极大地摧残着这位天才,草原大漠的温差极大,而霍去病的作战基本是急行军,千里奔袭,严酷的环境对身体的损耗可想而知。我们现在打球出一身汗如果不注意,被风一吹尚且要感冒发烧,想象一下两千多年前沙漠草原的条件,当时的将士们可是要在烈日之下全副披挂一打就是几天,所以军中流行一种病叫作"卸甲风"。我们之前讲过,就是因为在那个铁罐子里被太阳烤了一整天,毛孔扩张和血液循环都达到了极限状态,卸甲之后忽然冷却身体承受不住,很多将士就这样,没有死在拼杀中,反而死在了胜利后。霍去病再强也无法超越自然规律,长期征战摧垮了他的身体,最终英年早逝，享年二十三岁。

在卫青、霍去病之后，名将能够获得皇帝最高的褒奖便是被称为"朕之卫霍"。而当一个皇帝提到"卫霍"时，并不只是单纯在夸臣子，更是在自比汉武帝。言外之意是，作为一名管理者，我可以培养出"卫霍"这种职业队，让专业的人干专业的事，所以我理应获得汉武帝一样的权力。虽然这多少有些自吹自擂，但道理却无可辩驳，一个管理者最大的底气来自于业绩，而业绩的根源则在于团队的专业性。培养出专业的人才，去干专业的事，管理者自然可以大权独揽，高枕无忧。

《九变篇》

领导力不是权力，是影响力

明白了《军争篇》所讲的"节奏"，读懂了权力的运行，这一章开始讲"应变"。所谓"九变"，九是个虚数，指变化之多，无穷无尽。这里的应变不只是针对地形因素，更有地缘因素、博弈因素、心理因素等，但所有这些的前提是理解权力的本质，依照权责利匹配的原则行事，否则就会失去权力，再好的理论也只能是空中楼阁。

权力运行的底层逻辑

小学时，我跟父母去参加他们的同学聚会，有很多家庭都带着孩子，一圈小朋友聚在一起叽叽喳喳，蔚为壮观。盘问一番，发现我是其中年纪最大的，于是任命我为队长，让我带着弟弟妹妹们自己组织游戏。结果打着"队长"的旗号号召半天，几个小孩对我的安排置若罔闻，气得我差点动手。直到有阿姨给我支招说：你带他们去花园捉蝴蝶，他们都捉不到，你能捉到，其他人自然就听你的了。那之后，我明白了一个道理，真正的权力并不来自任命给你的头衔，而是来自你的行动、你的影响力以及你赢得的信任和尊重。尤其在军队中，士兵脑袋别在裤腰带上跟着将领去打仗，这种级别的信任，肯定不是皇帝给个将军的头衔就能获得的。那军权来自哪里呢？

士兵为何会跟随武将谋皇帝的反

现在我们来假设一个情景，你在公司里是个底层员工，这时候CEO跳槽了，你会跟着CEO跳槽吗？你八成会说，不会，我和CEO根本不熟。相反，如果你跟了五年的直属经理跳槽了，让你跟着一块跳，你多少还是要考虑考虑吧。如果琢磨后认为跟着他有前途，很可能就策马扬鞭一起闯天涯了。同样是人，你不会效忠CEO，因为你觉得你们之间隔的距离太远了。那古代士兵一辈子都见不到皇上，为什么还会效忠天子呢？

人与人之间的合作必须同时建立在两个前提之下，一是利益，二是情感，缺一不可。士兵和将军是一个团队，拥有高度一致的共同利益。而天子可能有10个这样的将军，带着10个团队，团队之间可能还存在着竞争和冲突，所以士兵和天子不是利益共同体。不但不是，很可能还存在着利益冲突。士兵和将军朝夕相处，出生入死，这是怎样的情感纽带？但士兵见过天子吗？他们绝大多数都不知道天子是谁，天子在他们看来也就是个象征符号，根本不算是个人。既然不是人，又怎么会有情感呢？

正因如此，历代天子防范将领谋反都是一等一的大事，防自己人尤甚于防外人，真正践行了那句话，"宁与外人，不与家贼"。当然了，说将军有兵权就造反也不准确。将军如果只有指挥权，根本无法造反，这一点宋朝就是很好的例子，他们前期执行"将不知兵，兵不知将"的政策，根治了五代十国将军造反的顽疾。将军想要造反，必须与士兵建立起利益和情感纽带，这就需要时间深耕。而深耕的前提是，要掌握人事权，也就是可以自行任免军中将领。军队等级森严，士兵与主将之间仍然隔着千山万水，主将只能通过一层一层的将领最终去统领士兵。士兵只听命于直接上级，上级听命于他的上级，一层一层向上直到主将。所以，如果主将没有人事权，不能把所有层级的将领换成自己人，那么对于士兵而言，这个主将就跟天子没什么区别，同样是个符号罢了。

另外，有了人事权也不够，还要有财政权。宁可饿肚子也要跟着将领出生入死的士兵，在古代不会出现的。缺少了利益基础，天王老子来人家也不会搭理。这也是以文制武的关键，就算你武将再有本事，粮草可是我文官说了算。虽然我不能让你打赢，但是想让你输，那简直易如反掌。当然了，如果能掌握了地方的行政权，那么粮草问题就可以一劳永逸地得到解决，这就是为什么那么多藩王、节度使造反的原因，因为人家在自己地盘上拥有兵权、行政权、人事权、财政权，大权在握，有资本。

最后也是最重要的，士兵跟着武将谋反，可以看作一种风险投资，只不过押上的是身家性命。什么样的人值得人家押上性命陪你赌呢？只有那些能让人家看到希望的人，赌错了粉身碎骨，赌对了一飞冲天。归根到底，权力是一种利益交换，人家把命交由你支配，你要带人家走向胜利，回报人家荣华富贵。权责利相匹配，永远是权力运行最底层的逻辑。

拿到虎符就可以随意调兵吗

在古代，虎符是调兵遣将的重要凭证，通常由皇帝授予将领。虎符一般分为两半，一半由皇帝掌握，另一半交给统兵将领。只有当这两半虎符合在一起时，才能证明持符者获得了皇帝的授权，可以调动和指挥军队。然而，拥有虎符并不意味着可以随意调动军队。调动军队的前提通常还需要皇帝的诏书或命令。即使将领手中握有虎符，若没有相应的诏书，仍然无法合法调动军队。这是为了确保军队的调动是经过正式授权的，防止将领擅自用兵。

二十年前，我在四大会计师事务所的其中一家做咨询（以下简称四大），带过一个大国企的项目。项目不复杂，就是一条子业务线的重新评估。什么叫重新评估呢？说白了，就是总公司想砍掉业务线，自己又不想得罪人，所以找人当枪。我们就是那把枪。

既然目标已经这么明确了，那执行起来应该很简单了吧，我们到那里把话摊开这么一说，大家心知肚明，好聚好散。我开始也是这么以为的。到了现场，人家子公司热情接待，财务一把手全程陪同。酒过三巡，大家称兄道弟，财务一把手拍着胸脯打包票，要什么给什么，谁敢出幺蛾子让我们直接去找他。一通糖衣炮弹狂轰滥炸，让我们放松了警惕。第二天兴致勃勃地拿着需求清单去了，路上甚至还盼着项目早点结束，大伙四处玩两天。

结果我们整整要了三天材料，连一张纸都没要来。所有对接人不是家里出事了，就是身体不舒服了，反正找不出一个有空闲和我们对接的。没办法，我只好发邮件抄送总公司，让他们帮忙协调推动。总公司不疼不痒地回了封邮件，要求子公司配合。子公司倒是重视，财务一把手列举了种种困难，但最后仍信誓旦旦地表示要坚决克服困难，完成任务。措辞之恳切，看得我感动不已。

果然当天就召开了项目会，会上各部门各抒己见，研究如何全力配合"四大的各位专家"。会计部门负责人推了推眼镜，万分为难地表示，说他倒是真想配合，可好多数据都是总公司明文规定的机密，自己也没那个权力。结果财务一把手拍着桌子怒了：没有权力你不会请总公司授权吗，这就不是解决问题的态度。一番慷慨激昂的训斥之后，会计负责人被深深折服，表示自己这就向总公司请示。我们也重燃希望。

第二天，会计负责人火速给总公司发了一封邮件，请求授权提供数据。总公司副总直接批示同意。邮件抄送给了所有人，我们以为这件事就此搞定，又兴冲冲去要数据。会计负责人表示肯定会给，但还需要等一下总公司的红头文件。我一想也说得过去，凡事总要走流程。第二天副总签字的文件扫描件发过来了，我立马去找会计负责人。只见他慢慢悠悠打开邮件看了一眼，说大体没问题，赶紧让总部把源文件发过来归档，归档之后马上给数。我们又热火朝天地催总部把文件发过来。可是等了两天也没动静。一问总部说显示已签收，再去问会计负责人，人家死活不承认收到了。这时我已经感觉不对劲了，让总部再发一份文件，这回发给我，我亲自拿着交给他。

这回人家拿出文件，逐页看了一遍，说感觉前后文有点对不上，还煞有介事地拉着我一块解读，问我是不是也感觉对不上。我说我看写得挺清楚的，就是同意给数据。会计负责人一拍大腿说，你看这不就是问题嘛，咱们两个人看都能产生分歧，这要是归档了将来检查，人家肯定也会觉着有歧义，这个责任我可担不起。我一听，得嘞，这不就是跟我玩"拖字诀"嘛。怎么办？只能奉陪到底。

最后一次，总部改了措辞，还特意盖了骑缝章发过来。结果负责人当着我的面给总部会计老总打过去电话，电话里直接请示，问老总知不知道总部发的这份文件。老总当然不知道，于是会计负责人挂了电话两手一摊，说会计是双线汇报，会计中心老总都不知道这件事，他是真不敢给。

　　这下我是彻底看出来，这事儿恐怕没得商量了，没办法找来财务一把手把情况一讲，两个人倒是当着我的面吵起来了。财务一把手怒斥会计负责人是故意拖延，勒令他必须把数据给出来。会计负责人直接回怼说他们有他们的规定，领导也不能跨部门干涉业务。大家不欢而散。之后就再也没有了下文。

　　会计负责人真的不认识骑缝章吗？负责人是真的敢顶撞财务一把手吗？财务一把手真的是真心站在我们这边的吗？全是逢场作戏，第一天起他们目的就很明确——"拖"。这帮职场老油条一个个都是太极高手，深谙博弈变通之道，让他们干成一件事千难万难，但干黄一件事，简直不要太容易。我们也不好真跟人家撕破脸，责任尽到，证据保存了，也就仁至义尽了。

　　这个项目最后无疾而终。好消息是，我们还是如数拿到了咨询费。现代企业的总部想让子公司提供数据，尚且可以搞出这样一出花腔大戏。更遑论古代想动人家抛头颅洒热血换回的兵权？别说是虎符，就是天子亲赐的尚方宝剑，只要神女无心相迎，襄王的爱慕和苦苦追求都是一纸空谈。

　　获得权力靠的从来不是那半个虎符或一纸任命，而是利益交换，你能承担多大责任，带给人家多大利益，人家才允许你拥有多少权力。权责利匹配才是永恒的原则。

君命有所不受

孙子曰：凡用兵之法，将受命于君，合军聚众。圮地无舍，衢地交合，绝地无留，围地则谋，死地则战。途有所不由，军有所不击，城有所不攻，地有所不争，君命有所不受。

孙子说，就用兵而言，将领受到君主的任命，组织军队、调动民力、带领大军出征，征途中需要应对各种各样的客观条件。"圮地"就是密林沼泽等难以通行的区域，在这种区域行动迟滞容易陷入被动，因此不要驻扎；"衢地"往往处于多国交界，四通八达，需要尽量结交盟友，团结一切可以团结的力量；"绝地"是缺少水源，辎重难以运达的区域，要尽快离开不要停留，否则一旦被围就有弹尽粮绝的危险；"围地"地势险要，要充分利用地形；"死地"是没有退路之地，要是不幸被困在这种地方，那就只能拼死一战。有的路就算看起来好走也不能走，有的军队就算能战胜也不要攻击，有的城就算能占领也不要去攻打，有的地就算能取得也不要去争夺，国君的命令如果对战争不利则不要接受。一句话，一切以最终胜利为目的，目标明确，勇于担当，排除一切干扰，君主的干扰也不例外。

有人说既然是"受命于君"，怎么能连老板的话都不听呢？这就又回到权责利匹配原则了。我们接受命令时要达到的终极目的是什么？是胜利。我们获得了统帅三军的权力，对应的就要承担带领三军取胜的责任，这是我们与君主最根本的约定。所有其他问题，都要在这个大框架下解决，任何违背了取胜这个根本目的的行为都不可接受。哪怕是君主自己，也没有权力违反这个约定。否则，如果他出尔反尔，那么还有什么资格做君主？既然没有做君主的资格，自然就更没有命令将领违反约定的资格。天底下道理最大，大家按照道理来，事情才能理顺，最终才能取得胜利，不论君主还是将领，从无例外。

故将通于九变之利者，知用兵矣；将不通九变之利，虽知地形，不能得地之利矣；治兵不知九变之术，虽知五利，不能得人之用矣。

将领能够围绕利弊得失随机应变，才算理解了用兵之法；将领如果没有坚定的目标，分辨不清楚利弊得失，就算了解地形，也无法取得地利。治理军队如果不懂得随机应变，就算了解了各种利弊，也无法执行决断取得实际利益。书本是死的，人是活的，没有人可以靠照本宣科取得胜利，相反，教条主义却会害死人。

是故智者之虑，必杂于利害，杂于利而务可信也，杂于害而患可解也。是故屈诸侯者以害，役诸侯者以业，趋诸侯者以利。故用兵之法，无恃其不来，恃吾有以待之；无恃其不攻，恃吾有所不可攻也。

因此，好的将领考虑问题时必然围绕着利弊。考虑了收益，才能够有的放矢地追求利益；考虑了风险，才能未雨绸缪去避免损失。用风险来威慑诸侯可以使他们屈服；分派给诸侯任务，让他们各司其职从而为我所用；用利益激发诸侯们的动力，使他们主动出击。所以，用兵讲求的还是"反求诸己"，不要寄希望于人家不来，人家来不来你管不了，但却可以管好自己，做好准备等他来；不要寄希望于人家不攻，他攻不攻你也管不了，只管做好自己的防守，让他攻不动。永远从自己身上想办法，不要抱怨别人怎么样，因为抱怨了也没用。反过来，去思考我要如何做才能让其他人为我所用，这才是唯一值得深思的问题。

故将有五危，必死可杀，必生可虏，忿速可侮，廉洁可辱，爱民可烦。凡此五者，将之过也，用兵之灾也。覆军杀将，必以五危，不可不察也。

因此，为将者务必要避免以下五种问题：不把自己的命当回事，也不把别人的命当回事，这种人只会一味蛮干，适合诱杀；贪生怕死，这种人容易被吓倒并逃跑，适合当头一棒将其击溃；心浮气躁，急于求成的人，可以设计侮辱他，使其恼羞成怒失去理智；标榜廉洁，一味追求虚名的人，散布些流言蜚语，或者使用反间计，不用打他们自己就受不了先崩溃了；过于爱护民众，分不清小恩小惠与大仁大义的，可以利用这个弱点，通过劫掠民众使其不胜其扰应接不暇，从而陷入被动。但凡将领犯了其中哪怕一条，都会被人抓住破绽，有针对性地发起攻击，这是用兵的灾难。最终全军覆没的，必然是犯了这五条禁忌的，因此需要时刻审视自己，通过自省发现自身缺陷，及时迭代。

还是拿篮球比赛举个例子。对于那些不怕受伤，只知道往内线硬打的球员，你没必要非得跟他硬抗，可以放他进内线，让内线队员给他个大帽。对于那些性格软弱，求胜欲不强的球员，就要盯着他进攻，直到把他这个点打崩溃，就可以轻松赢得比赛了。对于那些脾气急躁，不执行战术，脑袋一热就胡乱投球的队员，不妨用言语刺激他，让他失去理智，这样我们就能形成以多打少的局面。对于那些自命清高，认为自己技术好，不屑于犯规的球员，可以故意去跟他产生对抗，制造犯规，犯规之后再出言嘲讽，他可能会恼羞成怒，甚至撂挑子不干。那些爱护队员的主教练，你可以通过动作粗野一点，让他担心球员受伤，被迫频繁换人，从而打乱他的战术安排。

篮球场尚且如此，更何况以命相搏的战场呢，只会更加无所不用其极，任何弱点都会被对手抓住并无限放大。放在管理中也是同理，作为管理者，每一个决策都关乎着公司业绩，更关乎员工生计，你没资格有情绪，更没资格任性妄为。在你成为一名管理大师之前，还是先成为一台理性机器吧。

长平之战：君臣博弈名场面

直面强秦，赵国怎么敢？

说到白起，就不得不提到长平之战，而长平之战一直笼罩着各种疑问的谜团。赵孝成王为什么敢在强秦嘴里虎口夺食接收上党？决策前他只问了赵豹、赵胜等几个宗室，而当时廉颇、蔺相如都在，为什么不去咨询他们？当时赵国还有乐毅，为什么放着他不用而用赵括？三年前白起带领秦军攻克野王，占据太行陉，断绝了上党与韩国的联系，所以才会有上党郡守冯亭献十七城给赵国的事情，三年后要攻取上党为什么不让白起带兵，反而派了王龁？长平离邯郸更近，可以走滏口陉运粮，而秦国的粮道更长，为什么赵国似乎比秦国还求战心切，宁可换掉拒不出战的廉颇，也要换上从未上过战场的赵括，就为了让他主动出战？为什么其他国家看着赵国被打而无动于衷？不解释清楚这几个问题，我们永远没法看懂长平之战。

首先，赵孝成王在长平之战时才即位几年，年纪大概二十多岁的样子。在他即位的第一年就跟秦国打了一仗，关于这一仗《战国策》里面还有一篇非常有名的文章，叫《触龙说赵太后》。说的就是秦国攻赵，触龙说服赵太后送长安君入齐为质，于是齐国发兵与赵军联合击败了秦军。对于赵孝成王这个初生牛犊来说，他对秦的战绩到长平之战前还是一胜零负。再加上就在他即位的前几年，赵国用赵奢刚刚打了"阏与之战"，那一仗可以说是一个以弱胜强的奇迹，所以在他看来秦国并不是不可战胜。

其次，赵孝成王即位后，赵太后辅政，但是仅仅过了一年便去世了，这就代表着赵国朝野上下即将翻篇儿，所以长平之战前，赵国内部可以说是山雨欲来风满楼。赵孝成王与当时一众老臣的关系很微妙，想要摆脱这帮老东西，但还没有找到一个合适的契机。其实赵胜在提议接收上党时，已经考虑到秦国如果派白起为将来攻的情形，他当时就是建议用廉颇防守。理由是，廉颇虽然野战打不过白起，但是防守还不成问题。可即便那个时候用廉颇带兵防守已经确定下来，但赵孝成王仍然没去咨询廉颇，这说明什么？说明赵王根本没把廉颇当回事，就是把人家当作棋子摆布而已，你说廉颇知道了会怎么想？你让我替你玩命，结果去之前你都不跟我商量商量，这也太不把我当人了吧？当然，冰冻三尺非一日之寒，赵孝成王和廉颇年纪相差了几十岁，跨越两代人，更大的问题可能还在于代沟，很难沟通。

再次，我们看秦国的君臣配置。当时秦惠文王已经在位几十年，白起就是他一手提拔起来的，两个人年纪差不多，属于同龄人，没有沟通问题。而王龁确实比较年轻，他当时只有二三十岁，但是年纪轻轻就成了左庶长。左庶长是秦国军队的二把手，白起是他的顶头上司，叫作国尉，是军队的一把手。白起当时成名也已经三十多年，他当年做左庶长的时候大概也就是王龁这个年纪，这似乎是秦国的传统，背后的原因就是军功爵制。这个制度说白了就跟玩游戏打怪升级差不多，战场上杀敌越多，爵位就升得越高，爵位越高待遇也就越好，这也就是白起总喜欢打歼灭战的原因，在他眼里那些敌人不是人，而是一个个的经验包，多杀好升级。

名将"销冠"的晋升机制

说起白起，他可是中国军事史上又一个现象级的存在，在他之前大家打的都是击溃战，讲究"围三缺一""穷寇勿追"，也就是说打跑就完了，不追求杀伤有生力量。但白起不一样，他在战国掀起了一场又一场围歼高潮。他出身平民，因为商鞅之后的秦国出身基本已经无所谓了，就算贵族也参军之后通过杀敌累积军功，从第一级爵位慢慢往上爬。白起二三十岁就已经升为次高爵位，咱想想他得杀了多少人？

当时采用的是商鞅设立的十七等军功爵制，升第一级就要求拿一个"甲士"的人头。这可没我们想象得那么容易，所谓"甲士"，在当时均由贵族充当，是军队中的基层领导，每一个甲士都会带着自己的"家兵"，他们有些是奴隶，有些是族人，这些人围绕着甲士以他马首是瞻，所以在杀一个甲士之前，至少要杀一队家兵。在冷兵器时代这是很难的，当时打仗靠的是军阵，我们之前讲过，面对密集阵型，一个人冲上去就是找死，拿人头还是要靠团队配合。当然了，如果敌人被击溃开始逃散，那就是你收割人头的好时机了。因此看来白起当年很可能当过骑兵，这样拿人头比较方便。从他后来对骑兵的娴熟运用上来看，很可能就是在一次次追杀中获取的宝贵经验。

爵位的提升跟玩游戏一样，级别越高需要的升级经验也越多，而且在第九级"五大夫"之前的爵位只能靠人头累计，没有其他加成，所有士兵一视同仁，管你什么出身血统，统统只拿人头说话。这种KPI简单粗暴，但是极其有效，可以极大地激发出士兵斗志，以至于秦军的战斗力之强，正面打的话六国谁也不是对手。白起就是在这个KPI制度下一路"销冠"升上来的，王龁也一样。这个制度培养出的将领有一个好处，他们在军中的威望极高，像白起这种人就是军中行走的神。不但是军神，而且还是财神，因为跟着他可以多拿人头多升级。这样的将领带出来的"虎狼之师"，你可以想象一下他们的战斗力。

不过这种制度也有问题，那就是人头实在太诱人，以至于为了抢人头士兵们会无所不用其极。杀降在他们那里根本不是什么新鲜事，评绩效论军功只要人头，可不要活人。屠杀平民也司空见惯，毕竟脑袋割下来都是一样的，谁知道是兵还是民。甚至还出现了秦军从己方阵亡士兵尸体上割人头的情况。如果你是上党百姓，你说你敢不敢投降秦国？这就是为什么冯亭宁肯献城给赵国也不愿意投降秦国的重要原因之一。

白起年纪轻轻就受当时丞相魏冉赏识，做了左庶长，也就是军队二把手，并且率军攻打韩国新城，这是白起在历史上的首次亮相。第二年韩魏联军扼守崤函以阻挡秦军东进，白起为主将带兵攻打联军。他带秦军主力绕至韩魏联军后方，多次击破联军后队，逐渐将韩魏联军主力包围于伊阙，最终灭韩魏联军二十四万人，这就是著名的伊阙之战，也是中国历史上第一次大规模歼灭战。凭此一役，白起升任军队一把手也就是国尉，爵位也升至最高的大良造，从此威震天下，这一震就是三十多年。

之后几年白起开始频繁攻城略地，直到鄢郢之战，白起出兵伐楚，连下五城，然后又穿插至楚军背后大破楚军，最后直接攻入楚国郢都，楚王仓皇出逃，最后迁都"陈"时仅能聚集十万人马，偌大的楚国就这样被白起一战打残。这一战并未记录白起的歼敌人数，但绝对少不了，起码也在十万量级。白起因此被封为武安君，所谓君就是有封地的贵族了，已经位极人臣、封无可封了。

长平战场的"将军心计"

之后就接上了前面提到的，秦军攻韩野王占据太行陉分割上党的事。秦军既然对上党志在必得，放着这样一位神一般的人物不用，反而让一个名不见经传的副手带兵，是什么意思？从秦国后来表现出来的老谋深算来看，这很可能是一个战略陷阱，意在麻痹赵国，让他们误以为秦国雪藏了白起所以并不是真的想跟赵国玩命，而只是想以打促谈，通过谈判从赵国那里获得补偿。当然这种战略并不需要一开始就有一个明确目的，把白起当作一个后手，如果赵国不上钩，就在决战前把白起派上去，反正国力兵力都有优势，王龁先顶着也吃不了亏；可如果赵国上钩，那就可以偷偷把白起换上去指挥决战，结果还真是按这个剧本走了。总之白起是一定要上的，只不过是什么时间以什么形式上而已。当然，在上之前要把便宜占足才行。秦国对长平之战的准备相当充分，在决战的一年前，秦王就派兵攻占了韩国的缑氏和纶氏，让韩国噤若寒蝉不敢动弹。而楚魏更是在过去几十年时间里被白起打得如惊弓之鸟，只要白起没出现在对赵国战场上，他们心里都会嘀咕，秦国是不是留着白起对付自己？于是只好提心吊胆地提防，根本无暇顾及援助赵国。

我们再来看长平这个战场，如果当年赵国在决策时咨询了廉颇的意见，我想他一定不会同意接收上党。为什么？因为韩国放弃上党并将其献给秦国不是没有原因的。上党本身是一块盆地，西面已经被秦国扫平，兵锋所向，赵国只能把第一道防线设在空仓岭。可问题是，这块盆地的南面也被秦军占了，就是白起几年前亲自攻克的野王和太行陉。如果把防线放在空仓岭，那么秦军正面进攻的同时，再分兵一路走太行陉绕道后方，前后夹击赵军，赵军必败无疑。因此，廉颇当时建了第二道防线，也就是丹水防线，最后秦赵两军对峙也就是在丹水两岸。但是丹水连通黄河，黄河又连着关中，所以这条河可以成为秦军的补给线。面对这么长的防御阵地，如果秦军水陆两路强攻，赵军也很难守住。于是，廉颇又构建了第三条防线，也就是依托山势在最东边修建的百里石长城。当时看来只有这条防线不那么有后顾之忧。但事后看，骑兵仍然可以迂回后方，只是没有像前面两条防线那么容易罢了。因此，丹水防线的主要作用是延缓秦军的进攻，廉颇把赵军主力放在了百里石长城，最后的防御力量实际也集中在这里。

王龁用了几个月时间打到丹水，开始与赵军隔河对峙，其间秦国之前布置的陷阱也发挥了巨大作用。赵王从首战失利就开始不淡定了，因为如果不能速战速决就得拖到秋天，而秋天是收粮的关键期。赵国的国力跟秦国不在一个档次，这么大规模的相持战根本耗不起。虽然赵军的粮道较短，但滏口陉的路可不好走，很多路段车辆无法通行，只能靠人力抬过去。而秦国以河东地区为基地，依托渭水、黄河、丹水的水运系统，运粮效率并不比赵国低。不论是储备还是运输，赵国都不占优势，如果错过秋收，就算今年不闹饥荒，明年肯定也难避免。后来事实证明，赵国在第二年果然向齐国借粮。可以说，长平一战不但打光了赵国的兵力，还耗尽了赵国的粮食储备。

赵奢说过，狭路相逢勇者胜。可是秦赵这场对峙偏偏是赵王先受不了了。毕竟家里没粮，心里发慌，赵王率先开始寻求谈判。这时又面临一次选择，是找楚魏联合抗秦还是直接跟秦国谈判割地赔款？楼昌认为应该派地位高的使臣去秦国议和，而虞卿则认为如果秦国决心攻打赵国，和议难成，不如派遣使者携带珍宝去楚魏活动，使秦国畏惧各国的合纵抗秦，这样和议才有成功可能。如果你是赵王会听谁的？很可能也要听楼昌的，毕竟白起还没上阵，王龁就是个二三十岁的年轻人，说秦国想决战根本说不通。那能不能两个方案同时进行呢？还真不行，因为从邯郸到大梁及新郑都，和到咸阳的距离都不近，一来一回起码得一个月时间，前方战事吃紧，根本没有回旋余地。而且就算楚魏答应出兵，等他们集结开赴前线，估计这仗都已经打完了。所以，这时候只能二选一，最终赵王还是选择和秦国议和，就因为秦国看起来并不是玩真的。

既然赵王上套了，秦王当然要把戏做足，结果就是在咸阳盛情款待赵国使者。其他六国在咸阳也有常驻机构，这事让他们看在眼里你说他们怎么想？当然也以为秦国不是跟赵国玩真的，这不是已经笑脸相迎地谈起来了嘛。再加上秦国之前对各国的威慑，如果当事人赵国都不积极寻求帮助，旁观者躲还躲不及，谁没事会去捅秦国这个马蜂窝？如此一来赵国就彻底变得孤立无援了。

秦王对赵国使者的友好又进一步误导了赵国，赵王这时应该是已经认定秦国那边可以和谈，现在不过是在为谈判收集筹码。只不过秦王可以等，赵王可等不起，既然对方可以谈，那么晚谈不如早谈，因为他摸不透秦王意图，所以就算达成不了一致也要先谈一次才好，就算谈不成也不能比现在更坏了，可万一要是谈成了呢？正是抱着这种心态，赵王才心急火燎地寻求一战，因为如果不在战场上有个结果，恐怕连谈判桌都上不了，哪怕打输了都不是最差结果，耗着才是。

但显然廉颇对局势有清晰判断，他知道主动出击必败无疑，自己守住丹水和石长城耗着没准事情还有转机。就这样,"将在外,君命有所不受",赵王这时已经指挥不动廉颇了。那怎么办?只能临阵换将。换谁呢?乐毅能听他的吗?这些名将不可能明知要败还去断送一世英名。那还能选谁?如果是一般将领带着赵军去送死,恐怕还真带不动,谁明知道前面是火坑还会去跳呢?但是赵括就不大一样了,他爹是赵奢,当年就是他力排众议以素人之身带兵打了阏与之战,那场胜利打出了赵国士气,让人们至今念念不忘。都说青出于蓝而胜于蓝,现在儿子又临危受命,借着赵奢余威,将士们好意思说他不行吗?而且这个时候赵国对秦军的判断依然有问题,他们始终还是认为王龁只是来敲打赵国,并不想真打。孙子说,这种认知可是兵家大忌,所谓料敌从宽,你在战场上的任何失误都会被对手抓住从而杀死你,当你心存侥幸的时候就已经输了。

认知局限的问题这就显露出来了,当事人不知道自己不知道,所以很难自我突破,赵括自然也不例外。他上任后把原有部署调整了个天翻地覆,撤换了很多将领,为什么这么做?因为原来那些将领他指挥不动,想换打法就只能先换人。而秦军根本不怕野战,怕的就是你龟缩,现在你不管不顾一定要出来打,岂不正中人家下怀?但是怎么引蛇出洞呢?你要指望赵括自己搞定赵军把他们带出来打一仗,恐怕是不可能的。以赵括当时的资历根本搞不定军队,所以秦军还得帮他一把。怎么帮呢?帮他建立军功,树立威信,帮他用实际结果打脸那些反对出战的将领。所以秦军配合赵括演了一出"一战即溃",此情此景能让人想到什么?俨然几年前的赵奢附体。事已至此,其他将领还能说什么?于是只能跟着赵括出击。

我想赵括出击后看到白起帅旗时内心一定是崩溃的,这时他才反应过来,原来秦国给他们设了一个天大的局。这个局居然提前几年就开始准备了,而再看自己呢?被人卖了还替人数钱呢。如果换作是你,受到这么大打击会有什么表现?估计不光是赵括,整个赵军都一下子陷入了恐慌,对面可是杀人不眨眼的杀神,在这之前他杀的人已经高达几十万之众,现在自己被包围会是什么下场，估计只能给人家凑个一百万整了吧？此时白起已经派两万五千骑兵从空仓岭以西迂回到了百里石长城后方，又派五千精骑借助山势把赵军的主力部队拦腰斩断，断了赵军补给。而赵军是怎么做的呢？原地筑垒，准备伺机突围。很多人说这是赵括犯的又一个错误，他就不该等，而应该直接发起突击。其实这未必是个错误，甚至可能并不是赵括的决定。要知道秦军的野战能力非常恐怖，如果赵军有能力跟秦军野战，廉颇还用得着坚壁清野吗？所以如果不筑垒防御，那就只能是待宰羔羊。一个没有资历的主帅，在战场上犯了一个天大的错误，你觉得他手下将领还会一如既往服从命令？本来赵括就是强行出兵，将领和士兵都不情不愿，现在这个结果，人家怎么可能还听他的？所以，原地筑垒很可能只是一个应激反应，根本轮不到赵括决策。有人说赵括是等待援军。赵括出来时带了二十万赵军，这之后赵国都城几乎找不到成年男子，自己家底什么样你说他能不清楚？再傻也不会期待援军。为什么最后只能率领少部分人突围？因为他就只有那么点亲兵，大部队已经不听他指挥了。从赵括最后突围被乱箭射死来看，这个人并不傻，他选择了在当时情况下的最优解，如果他不死，最后被秦军活捉，没准能保住性命，但后半生一定生不如死。

　　赵军最后已经到了人相食的地步才投降，说明这支军队虽然打不过秦军，但也不失为一支劲旅。说句题外话，赵国似乎就是"人相食"的命，早在三家分晋前，晋阳之战就有悬釜而炊的历史。这样一群狠人，要是留着他们以后肯定也不会消停吧。那白起为什么不直接屠杀，而要接受他们的投降呢？秦王脑子里想的恐怕就是先诱降再屠杀。因为直接杀怕引起反弹，而不杀秦国也扛不住了。秦王在赵括主力被引蛇出洞后，亲自到河内郡，加封百姓民爵一级，并征调郡内十五岁以上青壮年集中到长平战场加强包围，并拦截其他各国援军和粮运。可以说，秦国到最后也玩命了，秦王当时给白起的命令一定是不惜一切尽快结束战斗，时间再长恐生变故。

顶级谋略能使受益者隐身

三年后，白起两次拒绝秦王出兵邯郸的要求，直到最后被赐死，自刎之前他说，"我固当死，长平之战赵卒降者数十万，我诈而尽坑之，是足以死"。有人说这是白起临死前良心发现，其实并不是。白起一辈子杀降，他对"坑"这种事不会有什么负罪感，他觉得自己该死的地方恰恰是在这个"诈"字上面。什么叫"诈"？打仗用诡计不能叫"诈"，那是正常操作。所以他说的"诈"应该是指自己诱降了赵军四十万人，这应该是一次有条件投降，最起码你得保证人家不死，否则人家为什么要投降？白起肯定是给人家许诺了条件，但事后没有做到，还是全杀了。这个锅应该白起自己背吗？其实这就是秦王的责任，只不过他并不用背这个锅，毕竟关乎政治影响，秦王背了锅，秦国就被动了。但是秦王作为最终决策者，他想让白起这个听命令的怎么处理这几十万人？放了？那手下人的军功你照给吗？不放，怎么养？粮从哪来？这就叫骑虎难下，只要秦王不放话，白起根本没有选择，几十万秦军看着这么大的经验包，秦老板又不表态，这个锅就只能他白起来背了。那要是他偏不背呢？赵军、秦军、秦王都会让他死无葬身之地。

到了白起这个份上，他身上已经集中了太多矛盾，他可以成神，但是必须在死后，当然他也可以自己从神坛上走下来，保住性命。白起会怎么选？作为杀了一百万人的杀神还在乎生死吗？他最终选择成神。

帝王权术中最高明的策略，就是让执行者成为天然的"道德洼地"。秦王既要白起做收割军功的镰刀，又要他做吸纳怨恨的海绵。长平之战后，秦国国力暴涨，而秦王始终端坐于"战争必要论"的道德高地，任由白起背负恶名。这种权力运行的暗线，恰是现代管理者必须参透的生存法则：真正高明的领导者懂得将制度本身塑造为终极责任人。比如公司裁员，董事会总是强调市场不景气，整顿很紧迫，结果提出裁员后就保持"不知情、不决策、不担责"的三不姿态，需要具体落实裁员指标的管理层只得左右为难。裁，基层员工怨声载道，不裁，自己恐怕也饭碗不保。

　　白起的历史宿命与这种管理困境有着奇妙的共振——是选择扮演组织需要的角色，还是保全个体撕破脸面？白起选择了前者，他自刎前那句"我诈而尽坑之"，本质上是在维护秦国的信用体系，他必须让天下人相信坑杀是前线将领的临时决断，而非国家层面的系统性失信。这一刻，白起不是在忠于某任君王，而是在忠于自己扮演的角色，用生命证明自己始终是"听命行事"的合格工具，而秦王仍是那个"爱兵如子"的英明君主。

《行军篇》

一将无能，累死三军

之前不止一次讲过，战争的重点并不在于战场厮杀刺刀见红，真要打到那个份上，说明敌我双方的方方面面都旗鼓相当，剩下的只能看运气了。战争较量的重点是战前准备和行军。战前准备包括了战略战术制定、物资准备、选将用人、部队训练等，它提纲挈领总领全局，因此十分重要；行军之所以重要则是因为它的周期最长，细节最多。如前所述，别说十万大军，就说今天组织一个百人旅行团，谁有信心把他们一个不少地带到目的地？所以说，不论古今，管理都是个精细活儿。

行军中的吃喝拉撒

古代行军，"吃喝拉撒"都是问题，"吃喝"我们在前面讲粮草的时候略提过一些，这里先说"拉撒"。

古代人远比我们想象中聪明得多，他们早就根据经验意识到排泄物会传播疾病，再加上在行军途中风餐露宿本就容易生病，所以会比平时更注重卫生。长途行军时士兵的作息一般比较规律，所以排泄也会比较规律，大便一般或早或晚在营地解决，行军途中只需要随时解决小便问题就好了。偶尔有人在行军途中需要大号，会要求他在距离行军道路一定距离处先挖坑，完事之后再就地掩埋，甚至对坑的深度都有要求，不能太浅，太浅怕后边的人踩上，不能太深，不然埋头挖半天一抬头跟不上大部队了。而且不允许士兵单独行动，独自上厕所也不行，要有伍长或者队长陪同，防止遭遇意外或者趁机逃跑，当然这位陪同的倒霉领导也要负责监督挖坑深度以及掩埋程度是否符合标准。

绝大多数排泄发生在宿营期间。军队扎营是非常有讲究的，首先要防止自然灾害，地势太低容易被水淹，地势太高汲水困难，靠近树林容易起火，在空旷地带又风吹日晒。所以营地的选址是一门大学问，军队里会有专家负责。其次要防止被敌人偷袭，当然这也是选址要考虑的重要因素，要知道一套铠甲几十斤重，士兵睡觉时不能着甲，一旦被敌人偷袭，一方着甲一方不着甲，那后果可想而知。所以为了防止敌人偷营，营寨外围要预先设置工事，即便只是临时驻扎也要根据实际情况设置，例如用车辆围成临时墙垒等。再次要防止被敌人围困，不能远离水源，不能处于沼泽之中，不能在山谷低洼处等。最后还要防止己方士兵逃跑甚至营啸，战争期间人的神经高度紧绷，任何一点风吹草动都可能导致人的崩溃。所以营地建设不但要让敌人进不来，还要让自己人出不去，营内营外要严格隔离。甚至厕所的建设也要内外分开，营区外会挖大旱厕，睡觉前需要方便的都要去这个主厕。营区内会有小旱厕，给夜间需要方便的人备用。

在古代当兵伙食好也是招募时一项至关重要的福利，所以很多时候，军队行军除了战马、挽马之外，还会带一些老马、老牛，甚至家猪等牲畜，随时宰杀给士兵改善伙食。旱厕和牲畜圈往往建在一起，这跟过去农村猪圈挨着旱厕建是一个道理，把味道大的建在一块方便集中管理。

如果是在有人口的地区行军，军队还会把排泄物当作农家肥卖给当地人，你别说，这对于农民来说还真是宝贝。平时郊区农民要想获得这种"纯天然肥料"，就得高价从城里挑粪工那里购买，要是没点熟悉的门路，很容易被狡猾的中间商狂赚差价，甚至还可能买到"假货"，在没有人造化肥的年代，这可是一条很成熟的产业链。相比之下，军队的肥量既大又集中，价格更美丽，有时候甚至不要钱，对于农民来说那可不就是宝贝嘛，一般都是开门即售罄。如果是在野外没有人烟的地方行军，军头的这点外快就没了，只能就地掩埋。

至于吃喝，古代行军将领最关心的事情其实是水源，其次才是粮草。饿个三四天还能挺得住，但是一天不喝水谁也受不了，两天不喝水军队就可能要哗变了。所以古代军中都会设置专门寻找水源的斥候，每天四处跑去找可饮用的水源。找水源的学问也很多，地表没有就要找地下的，平地没有就要从山里引，而且上游要仔细勘察，防止水源被污染造成军中瘟疫。斥候一般会在前进方向上找到未来几天需要的饮用水源，将领要根据水源分布来计划行军路线和时间。因此如果想要对对方军队的水源进行投毒，最好的办法之一就是跟踪对方的斥候,但有点良心的将领都不会这么干,毕竟一把药下去,可能方圆几千米的水源都被污染了,自家军队和附近百姓都得跟着遭殃。

吃的问题与水源相比相对可控,毕竟主要靠自己带,有需要的话也会就地采购或者掳掠一些,但总归不太需要担心污染问题。你可能想象不到,中国很早就已经有压缩军粮了,类似于今天的压缩饼干,大大减轻了重量。另外刚才也讲到军队行军还要带一些牲畜当肉食为士兵改善伙食,汉代之后行军时甚至出现了奶牛,士兵还可以喝牛奶补充蛋白质。士兵不但伙食比平时做农民时好,而且在行军途中还有零食,每个人都可以领到一定量的炒豆子,行军途中饿了就可以嚼一嚼。其实炒豆子我也挺喜欢吃,嚼着确实香,那个糊味像咖啡,多少还有点提神醒脑的作用。

除了吃喝之外,行军过程中的队列还有一个难题,至今仍然解决不了,甚至还随着时代的发展有了新的演变——"幽灵堵车"。这种现象也称为"幻影堵车"或"无缘无故的交通堵塞",指在高速公路上没有明显交通事故、道路施工或其他特殊情况的情况下,交通流突然堵塞的现象。这种现象给人一种像幽灵一样突然出现的感觉,因此得名。时至今日我们还经常在一眼望不到头的高速路上急得抓耳挠腮,古代那个行军条件和管理水平自然也没有什么好办法解决。当年我大学军训时半夜起来拉练,女生队伍在前,男生队伍在后,你是不是觉得男生跟上毫无压力?我最初也这么以为,但走起来才发现那真是走走停停,停的时候一动不动,而一动起来就要跑断腿。我们当时还只有几百人的规模,你可以想象一下几万人甚至几十万人行军是个什么状态。所以古代大军出征都要兵分几路行军的,队伍大了行军难度会呈几何级数级增长,而且沿途的资源也支撑不起军队消耗,不论水还是粮草的需求对当地环境来说都会造成过载,如果去当地采购蔬菜估计会把地皮都吃秃。

由此可见,古代打仗绝大部分时间都在行军,真正战场厮杀反而用不了多少时间,所以在古代,如果能把军队带到战场还没散,那就已经具备做将领的基本水平了。如果能带兵长途奔袭，后发先至，那已然可以成为大将了。如果不但能带队伍上前线，还能带着队伍有序撤退，人心不散而阵形不乱，这就是名将的好苗子，属实未来可期了。

魔鬼藏在细节中

孙子曰：凡处军相敌，绝山依谷，视生处高，战隆无登，此处山之军也。绝水必远水；客绝水而来，勿迎之于水内，令半济而击之，利；欲战者，无附于水而迎客；视生处高，无迎水流，此处水上之军也。绝斥泽，惟亟去无留；若交军于斥泽之中，必依水草而背众树，此处斥泽之军也。平陆处易，而右背高，前死后生，此处平陆之军也。凡此四军之利，黄帝之所以胜四帝也。

孙子说，凡是部署军队与敌对垒必须注意以下细节：穿山时要选择谷地通行，而且是有水草的山谷，驻扎在向阳高坡上，不要仰攻居高临下之敌，这就是山地行军的基本原则。为什么要选择谷地通行？因为谷地平坦，适宜行军。为什么要有水草？因为人要喝水，马要吃草，没有水、草，人和马都吃不消。为什么要驻扎在向阳高地？因为向阳高地植被茂盛，可以就地取材生火搭建工事等，而且山体被植物根系固定，不易发生滑坡。居高则不容易发生水灾，也可以对敌居高临下。

渡河后远离水岸驻扎，同样是为了避免水灾。敌人渡河不要在河上迎击，要等他们渡过一半军队时发起进攻，这样才比较有利。为什么？因为如果在河上交战，敌方先下河，我方后下河，我方会处于被动。而当敌人刚刚渡过一半部队，阵型散乱，兵力减半，正是立足未稳之时，此时进攻当然有利。与敌会战，不宜靠水列阵，同样是怕受到河水影响，也防备敌人"水淹七军"。河边驻扎同样要选择向阳的高坡，不要驻扎在下游，这是在江河附近的行军原则。为什么不要驻扎在下游？因为那样水源会受上游控制，就算不被截断水源，让你用人家的洗脚水洗菜做饭也够恶心的吧？

穿行盐碱沼泽要迅速通过，不可停留；如果遇敌，则需靠近水草而背依树林，这是在盐碱沼泽的行军原则。因为这种地方不利于生存，且使人行动迟缓，队伍一旦被困很难脱身，没准最后会断水断粮。万一遇敌，则要抢占水源，水是生命之源，而树林是天然屏障，背依树林可防止背后偷袭。

平原行军需占领开阔地，侧翼依靠高地，面对"死地"，背靠"生地"，这是平原的行军基本原则。按照以上四种原则把握行军之利，黄帝战胜四帝靠的就是这些。开阔地适宜军队驻扎，排兵布阵不受地形局限，方便展开，也方便车兵发挥冲击力和机动优势。侧翼以高地为障碍，部署军队保护，防止敌军占领高地对我居高临下发动突袭。面对死地背靠生地，则进可以攻，退可以守，反观敌方一旦陷入死地，则失去了选择。

> 凡军好高而恶下，贵阳而贱阴，养生而处实，军无百疾，是谓必胜。丘陵堤防，必处其阳，而右背之。此兵之利，地之助也。

优先高地行军，避免低地，优先向阳的山坡，避免背阴的山坡。靠近水草丰茂的地方驻扎，在山体牢固的地方安营，这样将士可以保持健康，是胜利的保证。丘陵河堤行军，必占领向阳的山坡，侧翼依靠向阳的山坡。如此才能通过地形获得战争优势，道理同上，不再复述。

> 上雨，水沫至，欲涉者，待其定也。

上游降雨引发洪水时，不要急着渡河，等水势平稳后再过，否则受到洪水影响，很容易造成损失导致军队崩溃。

凡地有绝涧、天井、天牢、天罗、天陷、天隙，必亟去之，勿近也。吾远之，敌近之；吾迎之，敌背之。

绝涧，两岸峭壁而水流其间。天井，四周都是高山，中间如同深井。天牢，险峰环伺，易进难出。天罗，荆棘丛生，难以通行。天陷，低洼泥泞，易陷难行。天隙，峭壁之间的狭长缝隙。凡是遇到这些地形马上离开，万万不可逗留。我方远离，而诱敌靠近。我方面向这些地形，而诱敌背对它们，因为这些地形一旦进入便很容易被困死其中。

军行有险阻、潢井、葭苇、山林、蘙荟者，必谨覆索之，此伏奸之所处也。

行军遇到险阻、芦苇沼泽、草木繁盛之地，必须谨慎展开地毯式搜索，这些地方很容易藏有敌军奸细或者伏兵，不要让他们以草木芦苇为掩护混入军中，扰乱阵型。

敌近而静者，恃其险也；远而挑战者，欲人之进也；其所居易者，利也。

逼近敌人，敌人仍保持安静，说明他们占据了险要地形。敌人远距离派人挑战，说明想引诱我军前进。敌人敢于驻扎在开阔地带，说明具备某些尚不为我所知的优势。

众树动者，来也；众草多障者，疑也；鸟起者，伏也；兽骇者，覆也；尘高而锐者，车来也；卑而广者，徒来也；散而条达者，樵采也；少而往来者，营军也。

树木摇动，说明敌人正在开路来袭。草丛中设置了许多障碍，是敌人布下的疑阵。鸟群惊起，则有伏兵。野兽惊走，是敌人大举包抄。尘土瞬间高高扬起，是战车来袭。尘土低沉却蔓延很广，是步兵行进。尘土四散呈现条状，是敌人在砍柴。少量尘土时起时落，是敌人正在安营扎寨。

辞卑而益备者，进也；辞强而进驱者，退也；轻车先出居其侧者，陈也；无约而请和者，谋也；奔走而陈兵车者，期也；半进半退者，诱也。

敌人使者措辞谦卑同时又加紧备战，是要发动进攻。措辞强硬而摆出进攻架势，则是要撤退。敌人的轻车先出动，随后停在两翼，是在布阵。敌人与我方尚无沟通便来请和，是另有阴谋。快速列阵的，是企图与我约定日期决战。半进半退的，是引诱我军出击的诱饵。

以上这些都是敌军可以主动控制的，所以为了避免暴露自己的战术意图，往往会故布疑阵，引诱我方上当。当然，我们很难确定他是否知道我们已经识破他是故布疑阵，这就形成了一条猜疑链。怎么办？还是要做好防御，使自己立于不败之地，赢得时间之后便可以通过更多细节去做出进一步的判断。

杖而立者，饥也；汲而先饮者，渴也；见利而不进者，劳也；鸟集者，虚也；夜呼者，恐也；军扰者，将不重也；旌旗动者，乱也；吏怒者，倦也；粟马肉食，军无悬甄，不返其舍者，穷寇也；谆谆翕翕，徐与人言者，失众也；数赏者，窘也；数罚者，困也；先暴而后畏其众者，不精之至也；来委谢者，欲休息也。兵怒而相迎，久而不合,又不相去,必谨察之。

士兵倚着兵器站立,是饥饿的表现。打水的士兵打到水迫不及待地先喝,是干渴的表现。见有利可图却不出兵来取,是劳累的表现。军营上落了不少鸟,说明是空营。夜间出现惊呼,是恐慌的表现。军营纷扰混乱,是敌将没有威信的表现。旌旗乱动,是军纪不严、管理混乱的表现。军官易怒,是疲惫的表现。给马喂粮谷,给士兵肉吃,炊具都打破了,士兵也不回营休息,是要拼死一搏的表现。敌将低声下气与部众讲话,是丧失人心的表现。频繁犒赏,是形势窘迫的表现。频繁惩罚,是形势困顿的表现。将领粗暴对待下属而后又畏惧下属,是最不精明的表现。派使者送来谢礼,是想休战的表现。率兵怒气冲冲而来,却不交锋也不退却,则必须谨慎观察,很可能他们在策划意想不到的攻击。

这些小细节很多是敌方控制不了的,通过观察这些细节可以帮我们进一步判断敌情。

兵非益多也,惟无武进,足以并力、料敌、取人而已。夫惟无虑而易敌者,必擒于人。

打仗不是兵力越多越好,只要不轻敌,能够集中兵力、料定敌情、取胜于敌就足够了。而那种既不深谋远虑又轻敌冒进的将领则必然为敌人所擒。

卒未亲附而罚之,则不服,不服则难用也。卒已亲附而罚不行,则不可用也。故令之以文,齐之以武,是谓必取。

士兵还没对将领心服口服就对其惩罚,那他们更不会服,不服则难以指挥。即便士兵已经心服口服,但因此就懈怠军纪,士兵则会散漫,仍旧难以指挥。因此，通过奖赏激发士兵斗志，通过惩罚使他们遵守军纪，如此方能取得军心。

> 令素行以教其民，则民服；令不素行以教其民，则民不服。令素行者，与众相得也。

对待士兵如此，对待民众又有什么不同呢？平素严明法令，民众才会养成遵纪守法的习惯。平素不严明法令，则民众就不能养成遵纪守法的习惯。法令之所以能够执行，必然是因为它符合了最广大民众的利益。法令符合民众利益，民众才会遵从法令，遵从法令才会养成遵纪守法的习惯，养成遵纪守法的习惯，当成为士兵时才会遵守军纪，服从指挥，这就是前面讲过的"道胜"。

我常对团队中的管理者说，当领导并没有那么风光，工作中的大事小情，团队的吃喝拉撒，哪一样疏忽了都要出问题。当然，好的团队能够帮你分担一部分，但那是人家对你的情分，不是本分。团队好比手指，而你是脑子，手指的本分就是听从大脑指令，让它做什么就做什么。但你没想到做的，就别指望手指替你想到。这就是为什么要求管理者事无巨细，面面俱到。

好学生更容易成为名将

卫青、霍去病打下半个中国疆域，家喻户晓。而李靖为大唐灭三国拓地千里，堪称李世民之后大唐第二功臣，也是除君主之外的第一武功，为什么存在感却不高？回想一下，你是从哪知道卫青、霍去病的？是《史记》。但你是从哪知道李靖的呢？是《新唐书》。太史公写《史记》时正值大汉开疆拓土，写起来多扬眉吐气。欧阳修写《新唐书》时北宋却偏安一隅，重文抑武已经到了中国历史的巅峰，在那种环境下让他大书特书李靖拓地千里的丰功伟绩，恐怕是难为他了。

不过别看李靖在当代名气不大，但这并不代表人家在历史上的名气也不大。在官方，人家是"武庙十哲"之一，和唐太宗李世民关于兵法的问答更是结集成了《唐李问对》，是宋代《武经七书》之一，正统的官方军事教材。

李靖为什么能跻身"武庙十哲"？因为他一辈子打了三次大仗，一次灭一国。

第一次，平定辅公祏。虽然史书上记录得很简略，但从字里行间不难看出，他的对手辅公祏并非无能之辈。在得知唐军来袭后，他自己以少量精兵固守石头城作为诱饵，把重兵部署在外围水陆两路，并密布工事十余里，与自己形成掎角之势，目的是引诱唐军进攻石头城，届时援军便可以切断唐军后路，对其进行反包围。当时的将领看到外围的防御工事产生了畏难情绪，很多人希望毕其功于一役，直接攻击看起来兵力薄弱的石头城，以期擒贼先擒王。但李靖却力排众议，他认为这是敌人布置好了口袋给自己钻。敌人虽然布置工事占据了一定优势，却也恰恰因此会因为工事而产生麻痹心理，既然我们自己都不愿意硬碰硬，敌人肯定也就默认我们不敢打，因为这跟他们设想的一致，如此便产生了认知盲区。那么我们就偏偏反其道而行之，就可以出其不意攻其不备。而一旦攻下外围，敌人的计划将全部落空，这样产生的震慑甚至比擒贼擒王还要强烈。最后众人听取李靖建议，苦战击破外围，结果也与李靖的设想别无二致，辅公祏大惊放弃石头城遁走，最后被擒。

第二次，灭东突厥。这一战史书记录得更加简略，只说李靖率领三千精骑冒着严寒长途奔袭颉利本部，颉利可汗根本不敢相信在这样严酷的环境下唐军会来攻击，结果毫无防备，毫无招架之力，"一日数惊"，完全弄不清楚敌情，因此只能一味逃窜。同时李勣率领另一路唐军与李靖接力袭击突厥，突厥立足未稳，就又被唐军杀得大败，这个时候已经成了惊弓之鸟，根本没有喘息机会，也全然摸不清唐军底细，只能一路奔逃。由于实在缓不过气来，颉利可汗只好派人向太宗请降，希望能够借机调整。等见到太宗派来的使者，他便迫不及待地相信了，因为即便不相信也打不过。可李靖却并没有相信他，在他麻痹大意之时，给了他致命一击，颉利可汗被擒，东突厥就此灭亡。

第三次，远征吐谷浑。又是冬季冒着严寒出征，第一战击败伏允可汗，迫使其率部西遁。这也是游牧民族的惯用伎俩，虽然打不过，但是跑得过，我又不需要那么多辎重，偌大的草原我跑远点，你能拿我怎么办？如果换成一般将领，可能也就算了，毕竟这种恶劣的情况下吐谷浑已经不是最大敌人，严酷的天气才是。但李靖可不是一般将领，他最擅长反其道而行之，你认为我不敢追，那我偏偏就要追，追上就打你个出其不意。虽然我需要辎重，运输补给困难，但是我追上你可以从你那里抢补给啊，这就叫"因粮于敌"。他和侯君集分兵两路，南北分进合击，一路追着吐谷浑打。李靖这一路比较顺利，每次都是"大败之"，缴获的牛羊用来充当军粮，士气高涨。另一路侯君集就比较苦，辗转两千里才最终截住伏允部，好在一战将其击溃。之后又是一路尾随追杀，伏允最后逃无可逃，被部下所杀，其余人归降大唐，吐谷浑从此灭亡。

看李靖用兵是不是感觉很轻松？翻来覆去就一招——"反其道而行之"，靠的就是出其不意攻其不备。只要追上了，敌人便"一战即溃"，这么说好像你上你也行。但果真如此吗？

李靖为什么敢于在敌人外围工事连绵十几里的情况下跟对方硬碰硬？说明他有硬碰硬的资本，这个资本不是战场上的临场发挥，而是战场之外的训练、粮草、装备、士气等一系列因素。应该说以当时唐军的战斗力，实力肯定优于辅公祏，在这种情况下将领要做的不是出什么奇谋妙计，而是降低风险避免阴沟翻船，这叫"先为不可胜，待敌之可胜"。敌人当然不会坐以待毙，会千方百计引诱你犯错误，在这种情况下抵住诱惑，不贪便宜，清醒地判断敌我形势就成了决定胜负的关键。李靖这一战展现的风格就是"堂堂正正"，这才是真正的高手。

后面两场灭国战如出一辙，为什么李靖敢于冒险千里奔袭？可不是凭运气，茫茫草原上你怎么知道人家在哪里？怎么保证人家不知道你来了？行军途中怎么保证后勤补给？长途行军怎么维持士气？但凡一项做不好，就不是去千里奔袭，而是千里送人头。功夫还是在战场外，通过情报工作了解对手，通过保密工作隐藏自己，通过管理手段保证后勤，通过奖惩制度维持高昂斗志，这些方面李靖做得如教科书般严谨，以至于让人觉得似乎也没什么，这就叫"大巧若拙"。

好比打篮球，日常训练是基础保证，但上场之后不可能发挥100%水平。因为场上形势千变万化，一般情况下能发挥个六成就算及格，如果能发挥到八成，就算正常发挥，输了也不冤了。有人平时训练偷懒，反而寄希望于上场超常发挥，这种人还不如去买六合彩。不是说完全没可能，但绝大多数人一辈子也遇不到一次。

可能也正是因为"基本功"过于扎实，导致了李靖似乎并没有什么话题性。就像业余爱好者看乔丹打球，看到他没什么花哨动作一步就把对手过了，可能会觉得他的运球不过如此。同样，一个好的管理者在外行看来可能也是不显山不露水，谈笑间便可业绩爆表。不要看他举重若轻就认为他有多神奇，只不过是他练基本功时吃的苦你没见到罢了。数据、流程、案例这三个管理工具运用熟练，把握底层逻辑的能力、情绪管理训练得炉火纯青，这些基本功打扎实之后，你也可以跟他一样运筹帷幄，决胜千里。

《地形篇》

越接近战斗细节越多

　　了解了行军的诸多细节，这一章继续讲行军的另一个重点——战场选择。当然，这里不仅包含了地形因素，同样也包含了人的因素。从决定作战到白刃相接，越接近战斗细节越多，而当真正到了战场上，细节已经多到无可胜数。想从如此复杂的因素中抽丝剥茧找到制胜关键，显然不是人力所能为。所以想要取胜，注意力还是要放在战场外，趁我们尚能控制时，竭尽所能抠细节，通过点点滴滴的细节处理积累优势。每一个微小细节都可能对战争走向产生致命影响，或胜者为王，或败者为寇。而所谓王者，必是孜孜不倦钻研细节，乐此不疲快速迭代的那些人。

战场之外的战场

选人要慢，踢人要快

对于古代战争而言，名将对战争结果的影响是决定性的，只不过这种决定性并非如常人想象的那样在战场上冲锋陷阵或者奇谋百出，而是体现在战场外对诸多细节日复一日枯燥且乏味地推敲与打磨上。他们工作的核心永远围绕着人，而围绕着人的工作就是政治工作。所以政治家未必可以做名将，但名将一定是政治家。

前面我们已经详细地讲过如何进行"庙算"。庙算完成后可不是诸事大吉，静等开战了。预算定下来，事还需要人做，这时就需要选将。场上现在是什么局势，是顺风局还是逆风局，是要打"稳"战还是打"奇"战？手下的将领都是什么性格，擅长什么路数？他们现在的状态如何，是否适合上战场？君主就好像坐上了牌桌，摊开手里的筹码，心里已经开始疯狂计算起来。主将定了还要有副将，将领之下还要有一系列各种职位，有人主管粮草后勤，有人监察军中纪律，还有人要马不停蹄地开始记录每一笔账目，大家各司其职相互配合。但有人的地方就有政治，更何况是数十名将领带着上万兵马，队伍的不同管理层成员都代表着一方势力，他们过去的关系如何，将来怎么分工，输了责任如何分担，赢了利益如何分配。别看琐碎，但每一个都是直接关乎胜败的细节。要是放在同一军队的两个将领不和，出现战场上见死不救，甚至背后放冷枪的情况，那君上真是两眼一黑了。

　　要想保证内部协作，一方面要通过合理的人员搭配，另一方面则需要设置制度，通过制度把个人的不确定性尽量压缩到最低。这时候名将最关心什么呢？他们最关心制度给了自己多大权力。没有人不希望大权独揽，更何况打仗这种"死生之地"，都提着脑袋去做要命的事了，结果自己说了不算，谁还愿意去冒这个险呢？可站在君主的角度看，如果名将大权独揽，要是反了怎么办？所以君主一定会千方百计制衡将领的权力，这又是一场政治博弈。放权多了没准就出来个黄袍加身。放权少了就是对提线木偶的遥控指挥，那这仗也就没法打了。照古代的通信技术，等君上的指令到了，战场都打扫完了。当然，这种博弈君主如果亲自出面会显得非常尴尬，既要用人家，又对人家不放心，怎么好意思讲"用人不疑，疑人不用"呢？所以通常君主不亲自出面，而是委托代理人出面博弈，这些代理人就是所谓的"文官集团"。于是最后的君臣博弈又被巧妙转化为了文武博弈。文官掌握着军需粮草，武将掌握着军队士兵，哪一方撂挑子仗都必输无疑，所以双方要在博弈中谋求共赢，这还是政治。

　　在权力争夺过程中，双方的焦点一定围绕着"资源"。名将最初提出来的预算一定是个天文数字，主要包括了军需粮草和士兵饷银等。士兵为什么要卖命打仗？还不是为了养家糊口。重赏之下，才有勇夫。但是有钱赚，没命花也不行，虽然打仗难免死人，但你起码要保证人家能看到生的保障吧？不论是武器、盔甲还是粮草，这些都是钱，所以名将为什么总爱跟文官狮子大开口？还真不是漫天要价，战场形势瞬息万变，遇上个雨雪天气，碰上个疫情，粮仓被人放个火，十几万人的军队但凡遇到哪怕一点突发情况，需要的钱都不是小数。如果没有足够的安全垫，任何一点小的失误都有可能导致瞬间崩盘，所以名将历来都是谨慎而"贪婪"的人，大军开拔之前，恨不得把国库里的每一根粮草、每一副铠甲都薅光。可问题是资源是有限的，对外战争再重要，国内的日子也不能不过了，各种工程、救灾、官员们的薪资俸禄这些也都是钱，少了哪个国家都玩不转。所以文官集团一定不会满足名将的狮子大开口，而是会坐地还价，于是又一场新的政治较量开始了。

在讨价还价过程中，名将相较于普通将领的优势就体现出来了。因为人家是名将，既打过胜仗，也有底气说知道怎么打胜仗，朝中舌战群儒的文官大多连边塞的城墙都没见过，没有见识就没有底气。嘴上锦绣文章做得再好，也抵不过武将被逼急了眼来一句："那你自己去打，反正这个钱我干不了。"历史上在这个节骨眼谈崩的案例也不在少数。例如秦王请白起攻邯郸，白起认为条件不成熟，最后硬是没去。后来秦国第一次攻楚，王翦认为条件不够也没去，直到第二次给足了筹码才动身。

有些人在兵书批注里谴责士兵喜欢投靠名将阵营的行为，这实在是有些"何不食肉糜"了。现在公司项目公平竞争，大家尚且更希望分到资源充足，实力雄厚或者带头人更有经验的小组，更何况朝不保夕的士兵呢？很多时候名将在决定打这一仗的时候，其实就已经胜了，因为不是十拿九稳项目的人家根本就不会贸然接下来。士兵当然也愿意跟着名将，要啥有啥，容错率高，保平争胜，全局正常发挥即可。可如果这场战事胜率实在太低，君上又不愿意放弃，要么是一个不知天高地厚的毛头小子接下这烫手山芋，要么是一个倒霉的无名之辈被迫赶鸭子上架，那结果八成是要啥没啥，生死未卜，士兵恨不得刚看到分配名单就开始写遗书了。

试想，士兵心里一旦对主将没了信心，军队士气得低成什么样？如果敌军主将恰好又是位名将，此消彼长，仗还没打心态已经崩了。没了士气，将领能把队伍带到前线就已经不错了，哪还有心思打仗？就算硬着头皮打，必然也是一触即溃，胜负毫无悬念。为什么项羽夺了军权马上就要来个破釜沉舟？为什么韩信带着新兵会选择背水一战？因为那时候他们还不是名将，没有号召力，调动不起士气，那么只好退而求其次，想办法保证士兵不逃跑。于是想到了主动断了他们的后路，万般无奈之下唯有殊死一搏，这仗才有得打。所以，看似两场以弱胜强的战役，站在主将的视角看其实全是眼泪。

回到文武博弈上来，博弈过程就是双方不断妥协去寻找平衡点的过程，等最后达成一致了，预算也就算定下来了。当然，名将都是人精，博弈归博弈，他们不可能跟文官闹僵，等到这仗真打起来，自己的补给线可掌握在人家手里。补给线就是生命线，万一有个什么差池，不止小命不保，甚至一世英名都可能毁于一旦。所以维护好跟文官集团的关系也是名将们的必修课，千万别以为那些万夫莫当的名将都是大老粗，人家勇归勇，心思可都细着呢。

拿捏分寸，"阵"住自己的兵

外部协调的问题解决妥善，剩下的就是内部问题了。内部问题同样也是人的问题，如何摆弄好手下这些将领和士兵，以期达到如臂使指？这些人可不是游戏里的机器人，点点鼠标就毫无怨言地运作起来了，他们是有血有肉有自己想法的活人，是人就会有情绪，有各种各样的顾虑。所以主将要清楚手下每一位将领的能力和意愿，将领也要清楚自己手下团队的能力和意愿……这样一层层传递下去，直到最基层。

有人说，那专挑那些听话的将领带兵不就行了？与我们想象的正相反，一场数十万人的战役，战线可能绵延数百千米，覆盖大大小小上百个战场，主将怎么可能对如此多的战场遥控指挥？所以，只能尽可能地激发手下将领们的主观能动性，而这就又是对制度的考验了。既要让所有人保持一致，又给他们留出足够空间根据实际情况自由发挥，面对这样一个混沌系统很难找出一定之规，所以岳飞才说，"运用之妙，存乎一心"，意思就是这东西已经复杂到无法用语言描述，将军只能通过另一个混沌系统"心"去做模糊感知，并时刻准备着做出动态调整。

但这也不是全然无破解之法，古代战争并非一个完全的混沌系统，至少有一点可以破局，那就是要尽可能地简化个体士兵的作用，取而代之的是"战阵"，这也就是"道天地将法"中"法"的含义，具体表现之一就是"阵法"。我们之前说过，冷兵器战争不是街头斗殴两群人拿着家伙上去对砍，这种小流氓的打法放在古代面对战阵，人再多也是白给。不是打不打得赢的问题，而是打不打得着的问题，10万小流氓对阵3 000精锐骑兵，结果就是送上十万颗人头，而对方很可能连一个受伤的都没有，只因人家可以熟悉地演练战阵。战阵的威力是如此巨大，以至于名将日常除了搞政治，剩下时间都在练兵。其中既涉及阵型，也涉及兵种配合。而阵型中最著名的莫过于诸葛亮的《八阵图》，其实根本没有什么奇门遁甲、撒豆成兵，人家只是起个玄乎的名字吓唬对手而已，所谓八阵图就是由八个方阵组成的一个圆阵，并没有各路野史宣扬得那么神秘。

而所谓阵型，无外乎方型、圆型、锥型、一字型等几种基本形状。方阵是最基本的单位，一列称为伍，一般最少五个人，从前到后分别持有盾、矛、短枪、弓、弩等，当然最前面还要放上车和"拒马"等障碍物防止骑兵冲击。五列可以组成一个方阵，盾牌朝向敌军，形成战斗队形。但这种队形的特点是正面防御力高，侧翼和后翼防御薄弱。怎么弥补这个缺陷呢？要么是把方阵一字排开，依托地形，只要足够长，把敌人可以绕过的道路全部封死，也就不用担心侧后方了。如果地势开阔，还可以围成一个圆，这样没有了侧后方，也就没有了后顾之忧。那么这两种阵型的问题又是什么呢？就是战线拉长之后局部力量分散，敌人可以采用单点突破的方式进攻。而一旦突破了其中一点，也就可以绕道侧后方发动攻击。这种单点爆破的打法往往用锥形阵，集中力量办大事。所以没有完美的阵型，有的只是相生相克。而八阵图就是为了克服以上各种单一阵法的缺点，发明出来的方阵与圆阵相结合的复合阵。将八个方阵摆在八个方向，每个方阵具备正面防御力，同时又保护了相邻方阵的侧翼，八个方阵围成保护圈，也避免了敌军绕道后方突袭。

当然了，以上阵法仍旧只是抽象出来最简单的情况，战场上实际情况则要复杂得多。因为有战车、骑兵这种高速机动兵种，人家不可能傻乎乎往你摆好的阵型里冲，而是会利用机动能力不断试探。尤其轻骑兵，速度快，可以利用速度优势远程放箭骚扰，骚扰完就跑，让你方躲不开又追不上。所以，为了防止这种情况出现，你方也需骑兵保护侧翼、后方，同时也要派出骑兵骚扰对方，虚虚实实，最后就看谁先露出破绽，谁能抓住机会。

所以，练兵是名将的基本功。而所谓练兵，就是训练部队的结阵和变阵，毕竟几万人的大阵可不是闹着玩的，一米多高的盾牌，六七米的长矛，被几万人扛着跑来跑去是一种什么景象？如果不是平时训练有素，别说去打仗，就是逛街让他们随便跑都要发生踩踏。到时候不用敌人打，自己就先乱套了。

名将们的日常工作看起来杂七杂八，是不是想想都头疼？但作为一名将领没有资格头疼，他们不但需要把这桩桩件件的事务梳理得井井有条，还要在外部敌人的压迫之下和在内部多方势力的钩心斗角之中，应对各种突发事件。真正做到兵来将挡，水来土掩，否则稍有不慎就会万劫不复。而名将就是在如此残酷的环境下最终被筛选出来的佼佼者，所以你说他的价值有多大？所谓"千军易得，一将难求"，这句话一点也不夸张。

有便宜就要占尽

孙子曰：地形有通者，有挂者，有支者，有隘者，有险者，有远者。我可以往，彼可以来，曰通。通形者，先居高阳，利粮道，以战则利。可以往，难以返，曰挂。挂形者，敌无备，出而胜之；敌若有备，出而不胜，难以返，不利。我出而不利，彼出而不利，曰支。支形者，敌虽利我，我无出也；引而去之，令敌半出而击之，利。隘形者，我先居之，必盈之以待敌；若敌先居之，盈而勿从，不盈而从之。险形者，我先居之，必居高阳以待敌；若敌先居之，引而去之，勿从也。远形者，势均，难以挑战，战而不利。凡此六者，地之道也，将之至任，不可不察也。

地形有"通""挂""支""隘""险""远"六种。

我可以去，对方也可以来的叫"通"。对于通地，要抢占向阳的高地，这样有利于粮草运输，对我有利。

我可以去，但去了之后不好回的叫"挂"。对于挂地，如果趁敌人没防备，我军可以出其不意地进攻，从而获取胜利。但如果敌人有防备，那么一旦进攻，不但难以取胜，而且无法回师，则对我军不利。

我出击不利，对方出击也不利的地形叫作"支"。对于支地，即便对方对我施以利诱，也不可出击，相反，应该佯装撤退，将敌人引诱到支地，在他部分抵达时发起攻击，从而获得优势。

对于"隘"地，我们要率先抢占，并以重兵把守，静待敌人到来。万一被敌人率先占领，并布置了重兵把守，那就不要进攻。但如果敌人并未部署重兵，则可以趁机抢攻，夺回隘口。

对于"险"地，要率先抢占，占领之后就在向阳的高地上部署兵力，以逸待劳。万一被敌人抢占，那就只好主动撤退，不可冒险进攻。

对于"远"地，敌我双方势均力敌，因敌我双方距离太远，因此不应主动挑战，否则长途行军人困马乏让敌人以逸待劳，自己的补给线也被拉长，这些都会为我军造成极大劣势。

以上这六点就是利用地形的方法，这是将领至关重要的责任，不可掉以轻心。

> 故兵有走者，有弛者，有陷者，有崩者，有乱者，有北者。凡此六者，非天之灾，将之过也。夫势均，以一击十，曰走；卒强吏弱，曰弛；吏强卒弱，曰陷；大吏怒而不服，遇敌怼而自战，将不知其能，曰崩；将弱不严，教道不明，吏卒无常，陈兵纵横，曰乱；将不能料敌，以少合众，以弱击强，兵无选锋，曰北。凡此六者，败之道也，将之至任，不可不察也。

战败的部队有"走""弛""陷""崩""乱""北"等六种表现。造成这种后果的不是天灾，而是人祸。作为将领，切不可怨天尤人，凡事应"反求诸己"。

势均力敌时却非要以一击十，这种失败叫作"走"，即败逃。

士兵强势而军官懦弱，士兵不听从指挥导致的失败叫作"弛"。用现在话就是人心散了，队伍不好带了，不用打自己都撑不住。

军官强势而士兵怯懦，打不了硬仗，导致的失败叫作"陷"。用现在话就是官僚主义，领导不懂业务乱拍脑袋，结果就是深陷泥潭不能自拔。

副将与主将不和，遇敌意气用事，擅自出战，主将无法控制导致的失败叫作"崩"。用现在话就是内斗、内耗、办公室政治、互相拆台使绊子，这种团队不要说打仗，还没打自己就先崩溃。

主将懦弱，治军不严致使军纪松弛，官兵不和，布阵杂乱无章导致的失败叫作"乱"。用现在的话说就是管理混乱，缺少流程制度，赏罚不明，导致团队各行其是，一团乱麻。

主将没有能力判断敌情，以弱击强，作战没有精锐充当先锋导致的失败叫作"北"。就是俗话说的"兵熊熊一个，将熊熊一窝"。作为管理者，如果自己的战略方向都错了，必然导致越努力越窘迫，最后只有死路一条。

以上六点都是导致失败的原因，避免它们是主将最重要的责任，不可有半点马虎。

夫地形者，兵之助也。料敌制胜，计险厄远近，上将之道也。知此而用战者必胜，不知此而用战者必败。

地形是作战的辅助条件。通过判断敌情，对地形的险恶远近进行精确计算，是上将必须掌握的方法。将这些方法运用到作战中则必胜，反之必败。

对于军队来说主将是大脑，对于团队来说管理者也是大脑，为什么必须有一个大脑呢？因为敌情千变万化，客观因素错综复杂，而在决策时这些因素都必须被纳入考虑范围，缺了哪一项都很可能导致失败。而只有管理者才是所有信息的汇集点，他们掌握了全量信息，因此也只有他们才能基于全量信息进行决策。

吃对手的饭，打对手的人

"韩信点兵，多多益善"，这句是韩信老家淮安流传的一个关于韩信的段子，主旨是夸韩信情智双高，因为最后他说刘邦虽然不善将兵，但是善于"将将"，这跟刘邦自己说的能用三杰取天下相呼应，所以哄得刘邦很高兴。但这也仅仅是个段子，历史上并没有发生过，因为韩信并不用这么讨好刘邦。

韩信之所以被杀，跟现代人理解的"鸟尽弓藏"其实还不是一回事。我们现在已经习惯了大一统模式，总以为天下就是皇帝一个人的。但你要知道，在2 000年前的秦末汉初，中国刚刚结束了战国时代，大家对选择分封制还是郡县制并没有最终定论，所以汉初采取的是二者混合，既有郡县，又有诸侯王。在当时看来，韩信这个诸侯王与战国七雄的诸侯并没有什么区别，都是军政大权独揽的独立君主。至于他跟皇帝刘邦之间究竟是怎样一种从属关系，大家心里也没有定数，都还在摸索中。所以韩信并不会认为自己比刘邦低多少，而是认为应该相敬如宾，好像周天子与诸侯的关系。因为诸侯王一直以来就是这么定义的，周天子对诸侯王是一种松散的上下级关系，象征意义大于实际意义，有些类似于英国女王之于英联邦国家。皇帝这个词当时刚被秦始皇发明没多久，刘邦又把秦灭了，所以皇帝究竟怎么定义，要不要沿用，都还没定下来。别说韩信不清楚，刘邦自己恐怕也没想清楚，想法恐怕要到很久之后才逐渐定型。所以在刘邦和韩信看来，他们之间的斗争只不过是楚汉相争的续集，是两国之间的战争，只不过刘邦用了政治手段，兵不血刃地取得了胜利。

从这个角度看，当韩信成为诸侯王的那一刻，他与刘邦的这一战就已经无可避免了。

韩信在整个蜀汉相争的过程中始终都在为自己积累实力，包括硬实力和软实力。

所谓硬实力，就是地盘、团队和军队，前期他手下都还是刘邦的人，后期则全部换成了自己人，甚至还收留了不少楚国将领，军队明显带有私兵性质。当初刘邦想要出兵攻打他被陈平拦下来，就是因为硬碰硬真打不过，这就可以看出，韩信绝不是一个将领那么简单，就相当于一国之君了。

所谓软实力就是各种光环，韩信始终在自我塑造"兵仙"这个人设。当然人设之所以能立得住，还是因为硬实力在那摆着，不服不行。但是即便有实力也未必就一定要搞人设，就算搞人设，也未必就要搞"兵仙"这个人设。搞这么神神秘秘让大家搞偶像崇拜，你说他想干什么？你要是刘邦看着能不多心吗？所以，韩信绝不是省油的灯。

说到立人设，最典型的例子就是"背水一战"，这一战究竟是怎么打的呢？

《史记》里可没用一句"置之死地而后生"就概括了，这句话不是司马迁说的，而是引用韩信自己的话。但是韩信究竟有没有说实话呢？司马迁显然有所怀疑，所以他把整个作战过程和前因后果都记录下来，想了解全貌就不能偷懒，要去动脑子抠每一个字，古人惜字如金，文中没有一个字是多余的。

井陉之战前，韩信已经率军灭了魏国和代国，他的兵力有几万，连胜之后士气正盛，可见这是一支劲旅。这次攻击赵国采取的战略是直捣黄龙，直奔赵国国都常山，也就是今天的石家庄。走井陉穿越太行山，出来就是常山，所以韩信选择走这条路。这次跟着韩信出征的还有张耳，刘邦为什么派他跟着韩信呢？因为人家之前就是常山王，这地方原本是人家的地盘。只不过跟他有"刎颈之交"的陈馀带兵把他赶走占了这个常山，把赵王歇搬过来，这里才成了赵国国都，陈馀又让赵王封自己为代王。不过虽然被封为代王，但陈馀根本不敢去代国，因为军队成分太过复杂，他一走赵国就要乱，其他人根本搞不定。所以他任命夏说为代国相去管理代国，而这位在井陉之战前刚被韩信灭了。当时整个赵国号称有二十万大军，却一片人心惶惶，陈馀只敢把这帮人放在自己眼皮底下看着，基本就是"撒手没"的状态。这也就是为什么李左车提议自己带人去切断韩信补给线时陈馀没有同意的原因。别看他说得冠冕堂皇，什么仁义道德，他要是真仁义也不至于跟张耳反目成仇了，真实原因就是他信不过李左车。

这件事让韩信知道了，于是他断定陈馀必败。你说截粮道这么重要的军事机密，韩信是怎么知道的？显然情报被泄露了，也就可想而知赵国内部当时有多混乱，整个局面基本就像一局"狼人杀"，每个人都无法确定他人的身份，彼此之间不得不相互提防。这也解释了为何赵国灭亡后，李左车顺理成章地被韩信纳入麾下，甚至还出谋献策攻燕伐齐——因为他原本的立场就模糊不清，毕竟常山原本是张耳的地盘，陈馀才是外来户。这种背景下，陈馀其实只有一种选择，就是"龟缩"。毕竟只要他自己缩着不打，韩信的补给线太长，时间一长，粮草耗尽，纵然是"兵仙"也要退兵。

站在韩信的角度看，当务之急是什么呢？根本不是打不打得过的问题，而是如何诱敌出战。井陉口地势狭窄，二十万大军堵口，以当时的攻城技术水平，强攻没希望，唯一办法就是诱敌出城。一旦赵军脱离了陈馀的控制范围，就成了乌合之众，必然一击即溃。如何诱敌呢？韩信就开始他的表演了。说到表演，韩信这个人其实是个老戏骨，演技有时甚至略显浮夸。例如"胯下之辱"，常人可能选择直接转身离去，但是韩信不，他就非要钻过去，这可能也是一种天赋——行为艺术的表演天赋。这次诱敌也是。以一万人背水列阵对二十万人，看上去是不是有点假？陈馀起初还真没上当，按兵不动。韩信没办法，又亲率一万人去挑战二十万人，他具体怎么表演的现在已经不得而知，但总之这回算是演到位了。陈馀手下将士本来就不想耗着，看到对方主帅带着那么几个老弱残兵过来送人头就按捺不住了，毕竟斩将夺旗可是能封侯的，于是整个军队开始躁动起来。陈馀本来掌控力就弱，敌军都这样送人头了，你还不让手下人抢功劳就实在说不过去了，于是大军出击。从后来赵军的表现来看，当时很可能已经不受陈馀节制了，因为韩信一路狂掉装备，赵军则一路哄抢，根本就没有阵型了。追至韩信背水的阵地前，早就成了漫山遍野的自由奔跑，因为他们把韩信当作溃兵追，还谈什么阵型。

再说说韩信这个背水阵地，据后来的考证，根本就不是个劣势地形：背后是河，防止被敌人包抄；两边是山，山上都是韩信的伏兵；正面阵地很窄，不适合大规模展开，你人再多也只有前排那么几个位置可以接战，大多数人都在后面堵着起不到作用。再加上赵军阵型散乱，对韩信的阵地根本造成不了威胁。这时韩信派出去的几千骑兵已经走山路奇袭了赵军大营，没遇到什么像样抵抗就把大营拿下了。你说二十万人的队伍出击，难道大营里就不留人防守吗？哪怕留一万人，也不至于让几千骑兵这么痛快拿下。所以说，这里面肯定还有猫腻，很可能陈馀被裹挟着出击之后，营里的人根本就不想打，所以才被敌人轻松拿下，遍插红旗。出击的部队一看老家没了，顿时方寸大乱。其实按理说他们可以继续攻击韩信主力，把主力灭了再把大营夺回来就完了。可惜这支队伍本来就是乌合之众，不打都可能一哄而散，现在遇到困难当然更加奋勇逃命，于是成就了韩信"背水一战"的经典。

为什么韩信把背水一战的关键说成是"置之死地而后生"？因为那些"阴招"摆不上台面，谁打赢了一场比赛好意思说自己是用阴招赢的？这是人之常情。而且人家韩信也没说假话，你敢说没有"置之死地而后生"这个因素？有是肯定有，只不过不是主要因素罢了。当然，不管人家怎么说，仗打得确实是牛，不愧为"兵仙"。

管理换个角度看就是与团队博弈的过程，如前所述，权力并不会随着你的任命自然而然到来，人家嘴上叫你一声"×总"，心里怎么想可不一定。尤其对于新晋领导，或者空降到新的团队，受到老员工的抵触甚至刁难都是常有的事。你要如何应对？就要学习韩信，动用一切可以动用的力量，逼着团队就范。比较通用的方法就是根据公司预算，与团队共同制定KPI，并分配给每一个人。如此一来，团队就只能背水一战，公司KPI就是那条"水"。达成KPI的奖励，没达成的处罚，唯有如此，大家才能上下一心，众志成城，追求共赢。

老好人是做不好管理的

故战道必胜，主曰无战，必战可也；战道不胜，主曰必战，无战可也。故进不求名，退不避罪，唯人是保，而利合于主，国之宝也。

因此，如果按照战争的种种规律得出必胜的判断，那么即便国君说不打，主将也应该坚持去打。而如果判断不能取胜，那么就算国君让打，主将也应拒绝。因为作为主将，在获取指挥军队权力的同时也就承担了带领军队取胜的责任。在这种责任下，进攻不是贪图虚名，防守也不是惧怕失败承担罪名，不论进攻还是防守，目的只有一个，那就是取得胜利。胜利可以保全人民，维护国家利益，唯有如此才是履行责任，才是"忠"，才是国之栋梁。

既然承担责任的是你而不是君主，掌握全面信息的也是你而不是君主，那么你的决策必然优于君主，你的目的是获取胜利，与君主完全一致，那么为什么放着正确的路不走，偏偏要不负责任听君主的，从而白白葬送胜利呢？

视卒如婴儿，故可与之赴深溪；视卒如爱子，故可与之俱死。厚而不能使，爱而不能令，乱而不能治，譬若骄子，不可用也。

如同爱护婴儿般呵护士卒，士卒方能与你共赴深溪。如同对待亲生儿子般珍爱士卒，士卒方能与你同生共死。然而，一味厚待士卒却不能有效指挥，一味放纵士卒却不能通过法令加以约束，士卒违法乱纪却不能做到及时惩处，那就成了溺爱，惯子如杀，这些兵没法打仗，上了战场只有死路一条。

所以怎样才算一个合格的管理者？

老好人不可能成为合格管理者，即便心地再善良，但这种善良无法落实到实践中去，只是一种"伪善"。一个"善良人"带领着一群平素娇生惯养的少爷兵上战场送死，你说他能算一个好人吗？不但不是好人，反而无异于谋杀犯。只有不屑于小恩小惠，而以大仁大义对军队严加管理，刻苦训练士兵，平时多流汗，战时少流血，带领军队取得胜利，让士兵们带着荣誉活着回来，这种将领才是真正的"善良"。

> 知吾卒之可以击，而不知敌之不可击，胜之半也；知敌之可击，而不知吾卒之不可以击，胜之半也；知敌之可击，知吾卒之可以击，而不知地形之不可以战，胜之半也。故知兵者，动而不迷，举而不穷。故曰：知彼知己，胜乃不殆；知天知地，胜乃不穷。

了解自己而不了解敌人，只有一半的概率取胜，说白了就是碰运气。了解敌人却不了解自己，同样也只有一半的概率取胜，跟前面实际没区别，还是碰运气。了解敌人也了解自己，但不了解地形等客观因素，取胜概率还是只有一半，仍然是碰运气。所以，知己知彼远远不够，还要了解天时地利等所有客观因素，否则就算没有被敌人打败，也可能被天气地形等客观因素打败。

所以怎样才能百战百胜？知天、知地、知己、知彼。

《九地篇》

想使人挨打，先使人落单

《九地篇》用现在话说应该叫"地缘"，"地形"侧重自然形成的地貌地形因素，而"地缘"则侧重人为形成的国境、城邑、兵力部署等因素。

分裂敌人就是加强自己

孙子曰：用兵之法，有散地，有轻地，有争地，有交地，有衢地，有重地，有圮地，有围地，有死地。诸侯自战其地，为散地。入人之地不深者，为轻地。我得则利，彼得亦利者，为争地。我可以往，彼可以来者，为交地。诸侯之地三属，先至而得天下之众者，为衢地。入人之地深，背城邑多者，为重地。行山林、险阻、沮泽，凡难行之道者，为圮地。所由入者隘，所从归者迂，彼寡可以击吾之众者，为围地。疾战则存，不疾战则亡者，为死地。是故散地则无战，轻地则无止，争地则无攻，交地则无绝，衢地则合交，重地则掠，圮地则行，围地则谋，死地则战。

具体来说，九地都是什么呢？散、轻、争、交、衢、重、圮、围、死。

在诸侯国境内的地方叫"散地"；不深入他国境内的地方叫"轻地"；谁先抢占对谁有利的地方叫"争地"；双方都方便抵达的地方叫"交地"；占据要害位置，谁先得到便可以联合更多盟友的地方叫"衢地"；深入他国境内，绕过多座城邑的地方叫"重地"；需要翻山越岭穿林涉沼才能到达的地方叫"圮地"；进军经过隘口，回师又要绕远，敌人一夫当关，万夫莫开的地方叫"围地"；只有快速决战才能生存的地方叫"死地"。

不要在"散地"作战，因为战争必然导致破坏，在我国境内交战，不论胜负都会对我造成损失，所以要拒敌于国门之外。不要在"轻地"逗留，因为刚刚出境，士兵心理上还没来得及调整，会受到思乡之情的影响，加之离故乡又不远，这时候如果逃跑可以轻易跑回家，所以这种地方不能逗留，以免军心涣散。如果"争地"被敌人先抢占那就不要强攻，可以从长计议。"交地"的交通发达，敌人可以快速切入战场，所以一定要保证队伍之间的呼应，切忌被敌人分割包围。在"衢地"的首要任务是联合诸侯，团结一切可以团结的力量，这叫"伐交"。当来到"重地"时，士兵远离家乡，只能死心塌地跟着部队，正是上下一心的时候。然而，因为深入敌境，补给转而成为首要问题，因此应该优先掠夺敌人后方的辎重，"食敌一钟，当吾二十钟"。"圮地"行军缓慢，辎重难以送达，非常容易被敌军困住，因此要快速离开。陷入"围地"，不要惊慌，充分利用地形优势进行高效防御。而一旦进入"死地"，则不可犹豫，必须孤注一掷，拼死一战。

所谓古之善用兵者，能使敌人前后不相及，众寡不相恃，贵贱不相救，上下不相收，卒离而不集，兵合而不齐。合于利而动，不合于利而止。敢问："敌众整而将来，待之若何？"曰："先夺其所爱，则听矣。"

古时候善于用兵之人，能分割敌人，使其前后无法相救，然后被逐个击破。好比象棋里的"三子归边"，将对方子力调动并隔离在弱侧，我方则在强侧以多打少连续攻杀。

善用兵之人能够有效牵制敌方主力，并以敌方非主力部队为突破口，将其击溃。这种策略好比打篮球中的挡拆战术，通过挡拆迫使对方换防，我方则利用错位攻击对方防守弱点从而轻松得分。

善用兵之人能够挑拨敌方内部矛盾，利用出身高贵的与出身卑贱的士兵之间的阶级差异，可以加剧他们的隔阂，使其在战场上彼此见死不救。由于阶层不同的士兵本身就很难交流，如果能利用好这一点，激化挑拨敌人内部矛盾，在战斗前可能对方自己就先内讧了。

善用兵之人能够通过战术手段让敌人陷入混乱，导致其上级无法有效指挥。古代战场上，斩将夺旗是一等一的大功，因为一旦让对方失去指挥，这仗就基本结束了，剩下的只是收割溃败的敌军人头。

善用兵之人还能够使敌人被击溃后四散奔逃，无法再重新集结。冷兵器时代绝大多数战争为击溃战，歼灭战很少，因此很多时候溃兵往往能被快速集结起来重新形成战斗力。利用心理因素，通过种种手段让敌人产生深深的恐惧，使其在侥幸逃脱之后再也不敢再与我方交战。就像打篮球，不但要得分，还要在气势上压倒对手，击溃他们的心理防线，从而赢得比赛。

善于用兵之人，会秉持对我有利就打，对我不利就不打的原则，永远保持冷静，把主动权掌握在自己手上。有人问："如果敌人人多势众，阵型整肃，前来与我交战，当如何应对？"回答："抓住他的要害，他就只能任凭我们摆布了。"面对敌人，不管看上去多强大，我们始终应该坚信他必然存在弱点。否则还没开打就认为对方无懈可击，仗还怎么打，不如投降算了。有必胜的信念，在这种信念的支撑下，冷静分析敌我形势，找到他的弱点，抓住要害钳制敌人，这是将领的基本素养。

兵之情主速，乘人之不及，由不虞之道，攻其所不戒也。

一旦敌人露出破绽则当机立断，兵贵神速，出其不意，攻其不备。

凡为客之道：深入则专，主人不克；掠于饶野，三军足食；谨养而勿劳，并气积力；运兵计谋，为不可测。投之无所往，死且不北，死焉不得，士人尽力。兵士甚陷则不惧，无所往则固。深入则拘，不得已则斗。是故其兵不修而戒，不求而得，不约而亲，不令而信，禁祥去疑，至死无所之。吾士无余财，非恶货也；无余命，非恶寿也。

令发之日，士卒坐者涕沾襟。偃卧者涕交颐。投之无所往者，诸、刿之勇也。

在敌国境内客场作战需要了解以下几点。越是深入敌境，士兵就越没有退路，我军的军心就越坚定，也就越不容易被敌人打败。深入敌境后，我方补给很可能会出现问题，所以要尽可能地劫掠敌军粮草，从而保证我军补给。因为客场作战，士兵的精神会高度紧张，所以要注意休整，不能过于疲劳，否则难以保持士气。因为无法补充兵员，所以要尽可能地运用计谋获取利益，而不要硬拼，也不可被敌人摸透我方战略意图，否则身陷敌境就是九死一生。

将部队置于背水一战的绝境，退无可退，士兵没有逃跑的希望，便会拼死决战。恐惧来自且仅来自未知，当士兵没有退路时，未来变得已知，他们也就不再恐惧，而只会放手一搏。如此，士兵们不用整顿就会提高戒备，不用要求就会积极主动，不用做思想建设就会紧密团结，不用强调法令就会遵守军纪。只要禁止迷信活动，防止谣言扰乱军心，这样的军队就可以战斗到最后一兵一卒。

士兵不留财物，并非不爱财，士兵置生死于不顾，也不是不珍惜生命，因为大家知道身陷绝境，唯有拼死一搏才有出路，越是贪财惜命反而死得越快。只等一声令下，士兵皆慨然涕下，抱必死之决心与敌做殊死一战。背水一战的士兵便都有了专诸、曹刿之勇。

这一段与前面说的"立于不败之地"是不是相矛盾呢？并不矛盾。所谓立于不败之地，指的是在战略层面不要给敌人丝毫可乘之机，做到滴水不漏，静待敌人露出破绽。而敌人一旦出现破绽，还要继续无懈可击的防守吗？当然不，要抓住机会，一击必杀，这就到了战术层面。战术层面应该怎么做？就是这一段讲的，置之死地而后生，抱着不成功便成仁的信念去战斗，这样反而更容易取得胜利。

管理者去开拓市场，在战略方向上永远要留足试错空间，保证自己在找到正确路径之前依然活着。但是，具体到每一个项目、每一次试错，则绝不能给自己留退路，每一次都要当作"最后一次"去全力以赴。否则三心二意，犹犹豫豫，就算方向对了，缺少了执行力也还是无法走上正轨。

> 故善用兵者，譬如率然；率然者，常山之蛇也。击其首则尾至，击其尾则首至，击其中则首尾俱至。敢问："兵可使如率然乎？"曰："可。"夫吴人与越人相恶也，当其同舟而济，遇风，其相救也如左右手。是故方马埋轮，未足恃也；齐勇若一，政之道也；刚柔皆得，地之理也。故善用兵者，携手若使一人，不得已也。

善于用兵的人，他们的部队如同"率然"——传说中一种双头蛇，打头尾来救，打尾头来救，打腹头尾都来救。有人问："军队能指挥得像率然一样吗？"回答："可以。"吴国人和越国人有世仇，但当两国人同舟共济遇上风浪，他们彼此相救如同左右手一样自然。想让大家团结，靠把马缰绳连在一起、把车轮埋在土里这种小伎俩没有意义。想让士兵整齐划一，靠的是治兵有方；想让不同性格的士兵向着同一个目标努力，要利用地形、地缘等客观条件迫使他们孤注一掷。善于用兵的人，要使全军携手如同一人，靠客观环境逼迫士兵们让他们除了一致对外别无选择。

试着观察一下现在所谓的"办公室政治"，看看什么样的公司、什么样的团队才会嚼舌根传闲话，什么样的管理者才喜欢拉一派打一派，唯恐天下不乱。只有那些缺乏明确目标和高效管理的公司或团队才会如此。人的精力总需要一个出口来发泄，如果工作上没有足够的任务和挑战，员工精力无处释放，就只能转而关注人际纠葛和是非传播了。因此，作为管理者，最重要的任务之一就是给团队找事做，宁可让所有人都忙得叫苦不迭，也决不能让任何一个人闲着。

> 将军之事，静以幽，正以治。能愚士卒之耳目，使之无知。易其

事，革其谋，使人无识；易其居，迂其途，使人不得虑。帅与之期，如登高而去其梯；帅与之深入诸侯之地，而发其机，焚舟破釜，若驱群羊，驱而往，驱而来，莫知所之。聚三军之众，投之于险，此谓将军之事也。九地之变，屈伸之利，人情之理，不可不察。

身为主将，必须做到思虑幽深而不可测，但治理军队却要光明正大。将军的谋划不能让士兵知晓，一是为了防止泄密，二是士兵人多，一旦因为理解偏差等原因产生误会，就要花大量精力去沟通和解释。在瞬息万变的战场上，这种沟通成本谁都承受不了。

身为主将应灵活调整计划，策略要不断推陈出新，调动军队部署，调整行军路线，使敌我双方都无从揣度其真实意图。下达作战命令时，应如"登高去梯"，让团队没有退路。深入敌境作战时，要像弩机击发箭矢一样坚决果断，例如"破釜沉舟""背水一战"。指挥士兵要像驱赶羊群一样，想往哪里赶就往哪里赶，让他们只能听从指挥。把军队集结于险地，置之死地而后生，是主将应该做的事。通过综合考虑地缘、攻防节奏和人的心理，主将才能带领军队走向胜利。

《周易·系辞》中说，"君不密则失臣，臣不密则失身，几事不密则害成。是以君子慎密而不出也"，也正是此意。

就如同公司做项目，为什么做这个项目，战略意图是什么，老板的目标底线是什么，这些不需要对项目组公开，项目组只需要根据项目的具体目标制定计划并去执行就好了。为什么不需要公开？一是出于保密，人多嘴杂，没有不透风的墙。二是大家的信息不对称，各自心里又有各自的小九九，对于更高层面的目标很难达成一致。说出来只会让员工觉得老板脑子有问题，而老板也会认为员工思想有问题。大家都不满，项目就很难做成，这种没必要的互相伤害又是何必呢？所以不如不说。

《论语》中孔子也说过类似的话，"民可使由之，不可使知之"。很多人以此批判孔子愚民，甚至各种各样的断句解读百花齐放。其实没有那么复杂，孔子想表达的就是字面意思。不是不想让老百姓知道，而是很多事就算说了大家也理解不了，最后反而会陷入民粹的泥沼而一事无成。与其如此，不如压根就别给他们机会纠结。

凡为客之道：深则专，浅则散。去国越境而师者，绝地也；四达者，衢地也；入深者，重地也；入浅者，轻地也；背固前隘者，围地也；无所往者，死地也。

客场作战，越是深入敌境，军心越是坚定；离家乡越近，军心越容易动摇。深入敌境的战场叫"绝地"，因为没有退路；四通八达的战场叫作"衢地"；深入敌国腹地的战场叫"重地"；刚刚进入敌国势力范围的战场叫"轻地"；背向险阻、面向隘口的战场叫"围地"；无路可走唯有死战的战场叫"死地"。

是故散地，吾将一其志；轻地，吾将使之属；争地，吾将趋其后；交地，吾将谨其守；衢地，吾将固其结；重地，吾将继其食；圮地，吾将进其涂；围地，吾将塞其阙；死地，吾将示之以不活。故兵之情，围则御，不得已则斗，过则从。

在"散地"作战，是保家卫国之战，重在统一思想、激发斗志，使得众志成城；对于"轻地"，重在稳定军心，严防逃跑；对于"争地"，占领之后务使支援部队迅速增援到位；对于"交地"，要注意防备，随时准备应对来犯之敌；对于"衢地"，要巩固盟友；对于重地，重在保证粮草供给；对于"圮地"，重在快速通行；对于"围地"，重在把守出入口，提升防守效率；一旦进入"死地"就要抱必死之决心，血战到底。士兵的心理会随着敌我形势发生变化，陷入"围地"他们就会决心死守，不得已时才会以命相搏，遇到危机时更加听从指挥。

战略堂堂正正，战术出其不意

　　是故不知诸侯之谋者，不能预交；不知山林、险阻、沮泽之形者，不能行军；不用乡导者，不能得地利。四五者，不知一，非霸王之兵也。夫霸王之兵，伐大国，则其众不得聚；威加于敌，则其交不得合。是故不争天下之交，不养天下之权，信己之私，威加于敌，故其城可拔，其国可隳。

对诸侯战略意图没有清晰了解就不能与之结盟；不知道如何应对山林、险阻、沼泽等地形，就无法行军；找不到当地向导，就不能获取地利。所有因素里面哪怕忽略一项，军队都没有称霸的资本。讨伐大国，贵在速胜，不给他们时间去集结军队；威慑敌对阵营，使其盟国不敢采取实质行动。因此未必非要去争取盟友支持，未必非要在各国安插势力，如果能把以上几点做到极致，甚至可以明摆着告诉敌人我方战略意图，以"势"对其形成威慑，照样城邑可破，都城可毁。

　　孙子一贯的主张都是"阳谋"，就是跟你打明牌但你仍然打不赢。为什么赢不了？因为功夫在场外，"道天地将法"每一样人家都做到无懈可击，就问你怎么打？

　　《论持久战》直接刊登在当时的报纸上，甚至成了日军军官的必备读物，那又怎么样？就算跟你说清楚我会如何一步一步打败你，让你思想上清晰无比，但行动上就是无能为力，好像着了魔一样按照我的剧本走下去。为什么会这样？因为在高维度上的失败，使得低维度上的任何胜利都会成为徒劳，方向错了，跑得越快摔得越狠。

> 施无法之赏，悬无政之令，犯三军之众，若使一人。犯之以事，勿告以言；犯之以利，勿告以害。投之亡地然后存，陷之死地然后生。夫众陷于害，然后能为胜败。

进入战场就进入了非常状态，这时可以破格赏罚，军令不再按部就班，一切目的是为了使三军统一思想，整齐划一。布置任务，不要透露意图；告诉他们任务的重要价值，不要传递负面信息。只有孤注一掷才能转危为安；只有背水一战才能起死回生。只有让部队退无可退了，大家才会与敌决一死战。

正如前文所言，"登高去梯"并不是绑架了众将士，恰恰相反，这是在挽救他们的生命，一旦战败难免身首异处，只有胜利才能让大家活着回去。作为主将必须永远朝向目标前进，取得胜利，带着将士们活着回家，这才是大仁大义。一切不以胜利为目标的"善行"往好了说叫"妇人之仁"，说直白点就是"假仁假义"，愚不可及。

而为了胜利采取一些极端奖惩，随机应变制定一些特殊政策，与胜利带来的巨大利益相比，这些成本简直九牛一毛，所以不必拘泥于条条框框。所谓"成大事者不拘小节"，非常之时必行非常之事，古往今来有大成就者盖莫如是。

> 故为兵之事，在于顺详敌之意，并敌一向，千里杀将，此谓巧能成事者也。

战场上要善于揣度敌人意图，将计就计迷惑敌人，趁其不备以优势兵力奔袭，擒贼擒王，这就是四两拨千斤，以巧取胜。

　　是故政举之日，夷关折符，无通其使；厉于廊庙之上，以诛其事。敌人开阖，必亟入之。先其所爱，微与之期。践墨随敌，以决战事。是故始如处女，敌人开户，后如脱兔，敌不及拒。

制定作战计划的过程中要封锁关卡，废除通行证，断绝与外界的一切往来，谨防走漏风声。在小范围内反复打磨作战计划，直到没有半点疑问，了然于心。

一旦敌人露出破绽，则机不可失、失不再来，马上抓住机会发起进攻。优先占领敌人的军事要地，占据主动后转而稳扎稳打，不急着与之决战。切不可教条，一定要根据敌人的动态制定应对计划。战前静若处子，诱使敌人露出破绽；一旦发现破绽则动如脱兔，打他个措手不及。

管理者最忌讳死要面子活受罪，自己制定的规则不能与时俱进，又怕"打脸"被人家戳脊梁骨而不敢临时修改，这就是典型的"拎不清"。这并不能体现管理者的严谨，反而暴露了规则制定机制上的巨大漏洞。规则是死的，客观情况随时在变，管理者必须根据实际情况适时调整规则。因此，应在所有规则之上再加上一条总规则，即规则更新机制。可采取定期审阅修订方式，或设定阈值，当条件触发时自动进入修订流程。只有这样才能打破教条主义，管理才不至于拉业务后腿。

将统一战线做到极致

刘秀是中国历史上唯一一位书生造反最终登上皇位的帝王,而且他不是一般的书生,是书生中的太学生。想成为太学生可不容易,不但要熟读经典,更要在地方上有一定威望,因为当时采用的是察举制,能被推荐到太学的至少也得是当地的道德楷模。而刘秀终其一生都始终保持着一个"好学生"的形象,按照《四书五经》的标准考核,他治下河清海晏,国民休养生息乐享延年,治国理政几乎是满分;按照《孙子兵法》的标准考核他带兵仁厚,赏罚分明,还是满分。哪怕按儒家标准考核私德,他进退有度,言行一致,依然还是满分。可大家都爱看跌宕起伏的故事,要的是"开局一个碗,结尾一个国"的落差,是"先入关者王之"的刺激,这样的"好学生"式平凡经历实在缺乏话题性,没人吹也没人骂,自然显得没有流量。

因此,刘秀不但现在存在感不高,在古代也不经常被人想起,甚至在东汉末年,曹植还锐评过:刘秀团队没什么亮点,比刘邦的张良陈平差远了。[1] 要知道,这可是东汉人评价本朝"太祖",换到别的朝代,哪个提起自己的开国祖宗不得毕恭毕敬地歌颂一番。不过更有意思的是,诸葛亮曾锐评过曹植这番锐评,简单说就是一句话"你不懂"。不论在政治上还是军事上,曹植比刘秀

---

[1] 出自曹植的《汉二祖优劣论》。

都差着维度，看不懂很正常。反倒是作为级别相近的诸葛亮能看懂刘秀，他对刘秀的评价可谓一针见血，总结成一句话就叫"曲突徙薪无恩泽，焦头烂额为上客"。什么意思？说是西汉时有个人家里的烟囱结构有问题，柴火放得离炉子又近，明白人看了就建议他改造一下烟囱并且把柴火堆远一点，结果这个人没什么风险意识，就没管这茬。没过多久，果不其然房子失火，有人跑过来帮忙救火，头发都烧焦了，脑门也熏黑了。他很感激人家，事后请客酬谢把这位救火的人奉为上宾，却没有请那位给他提建议预防失火的人。诸葛亮说刘秀就是"曲突徙薪"那个人，我们常说的"善战者，无智名、无勇功"，说的就是刘秀。

刘秀打仗彻底贯彻了《孙子兵法》的"上兵伐谋，其次伐交，其下攻城"，可以说是中国历史上建立"统一战线"的标杆，该怀柔怀柔，该联姻联姻，但凡能用其他方式解决的就坚决不动用武力，始终坚持用最小代价解决最棘手的问题。

刘秀有个哥哥叫刘縯，经常自比于高祖刘邦，喜欢结交豪强，而刘秀每天只是读书种田，被刘縯嘲笑是刘邦那个老实哥哥刘喜。最初起兵时刘縯很激进，刘秀却很淡定，看不清形势就依然埋头读书，只等到乱局已成，才决定起兵。刘縯为人不那么靠谱，他起兵时刘氏宗族都不怎么愿意跟着他造反，但等大家看到刘秀也起兵了，就说你看，这么老实的人都造反了，看来真的是不造反不行了，于是纷纷群起响应，这就是人品的重要性。

不久绿林军拥立了另一位宗室成员刘玄为帝，号为更始帝。刘縯及南阳刘氏宗族虽然对此极为不满，但因自身实力弱，不得不委曲求全寄人篱下。然而，抱团取暖却变成了树大招风，绿林军迅速壮大，成了当时最大的一股起义军力量，引起了王莽的警觉。他派了40万重兵（对外号称百万）围剿。此时，绿林军主力正在围攻宛城。宛城城内虽已断粮，但却仍在坚守，一时半会儿还没办法拿下。此时王莽军先头部队从洛阳南下，在颍川郡又汇合其他部队共10万人，急行军三天就抵达了昆阳城下，此时昆阳城内守军不足1万，面对新军浩浩荡荡的大部队以及连绵不绝的辎重，那感觉就是"黑云压城城欲摧"，任谁见到这种阵势都会惊慌失措吧。所以当时众将领的想法就是分包袱走人，大家作鸟兽散，各跑各路，自求多福。唯独刘秀还保持冷静，他分析局势后得出结论："合兵尚能取胜，分散势难保全。"当时刘秀在绿林军中地位不高，为了坚定众人决心，他只好使出激将法，直言不讳地指出众人想跑，无非就是没出息想守着自己那点财产和老婆罢了。众人听了果然大怒，转而询问刘秀的计策。刘秀让他们在城中坚守，自己带十三骑外出寻找援军，然后里应外合前后夹击。这一计划得到采纳，彪炳史册的昆阳之战就此拉开序幕。

起初新军攻势很猛，昼夜不停放箭，城中百姓出门打水都要顶着门板以防中箭，守将一度坚持不住向新军乞降，但新军认为破城指日可待不接受投降。当然，他们心里也有着自己的小九九。如前所述，敌人一旦投降，他们就没有理由屠城，也没有理由抢劫战利品了，所以私心也不允许他们接受投降。这就是典型的贪小便宜吃大亏，城内军民被断了退路，反而齐心协力开启困兽模式，以至于新军到最后也没能攻破昆阳。而此时刘秀正在邻近州郡寻找援军，起初各地的绿林军将领跟昆阳守将一个德性，就待在自己那一亩三分地以求自保。刘秀问他们，昆阳城池如此坚固尚且守不住的话，你们觉得自己这些小城能守得住吗？众人听了觉得有理，于是同意跟随刘秀去救援昆阳。

就这样总共凑了一万多人，刘秀自己亲率一千精兵做先锋，为了鼓舞士气他谎称宛城已破，围攻宛城的十万绿林军不日即将抵达昆阳战场，于是士气大振。刘秀又亲率敢死队多次冲击新军，屡战屡胜，昆阳城内守军备受鼓舞，新军则开始陷入恐慌：眼前这一万人的昆阳尚且难以攻下，等人家十万主力来了可怎么办？于是士气开始低落下去。值得一提的是，刘秀从小读书种地，本没有什么武艺，但此时带头冲锋也是拼了。其他将领看了都很惊讶，因为他们平时见到的刘秀遇小股部队都谨慎得要命，没想到现在面对数十倍于己的大军却如此骁勇。受其鼓舞，纷纷奋勇作战，受到鼓舞以一当十。他们可能还不知道，刘秀心里早已下定决心：胜败在此一举，若不放手一搏，也是死路一条，此时不拼,更待何时?这可能是一生谨慎的刘秀唯一一次被迫涉险。

随后,刘秀带领三千勇士迂回至新军后方,企图直击新军大营。新军主将虽已察觉,却犯了轻敌的大忌。他只挑选了一万人迎击刘秀,并勒令其他队伍原地待命,不得擅动。王莽初登帝位,新军军心不稳,因此极其强调军纪,甚至到了严苛的地步,没有上级命令,哪怕是情况危急,也不允许擅自行动,否则就是违抗军令,要掉脑袋。再加上新军中很多将领本就是骑墙派,他们只想保全自己,根本不想为王莽卖命。既然有军令要求不得擅自行动,他们正好乐得袖手旁观,眼睁睁看着主将部队被击溃,死伤上千,这一幕在战争史上也称得上奇观。主将部队的溃散导致整支新军失去指挥,立即乱作一团。新军中大多数人本就是被临时抓壮丁不情不愿上的前线,一看情势不对,马上作鸟兽散,几十万人瞬间崩溃。

这一战新军主力损失殆尽,逃回长安的仅千余人。昆阳之战引发了连锁效应,全国上下纷纷起兵效仿,新朝摇摇欲坠。几个月后绿林军攻占长安,王莽被杀,新朝戛然而止。

按理说刘縯攻克宛城和刘秀昆阳大捷都是大功,理应论功行赏,但更始帝却对二人起了疑心,在他人的劝说下杀了刘縯。刘秀因为向来低调,而且当时权力不大,所以并未受到牵连。这时就可以看出刘秀理性到可怕的一面了,兄长被杀,但他仍然保持着一如既往地平静,甚至不为兄长服丧,一切如故。这样一来反而让更始帝心生愧疚,觉得自己冤枉了刘秀。你看人家立了那么大功连提都不提,自己是不是以小人之心度君子之腹了?于是为了补偿刘秀,给他升了官封了侯。只是更始帝不知道的是,刘秀一个人独处时不碰酒肉,枕边常有泪痕。他是在隐忍,他懂得"外其身而身存"的道理。不过也有一个好消息,那就是这段时间刘秀终于迎娶了"娶妻当娶阴丽华"的那位阴丽华。阴氏是南阳豪门,刘秀与阴丽华的联姻也为他进一步获得了南阳豪族的支持。

由于刘秀表现得实在恭顺,以至于当他提出想要出抚河北时,更始帝都不好意思拒绝。加上冯异献计买通权臣,最终刘秀如愿逃脱牢笼。只是河北局势更加纷乱，让刘秀一度萌生退意。好在昆阳一战树立的威信，加之一直以来的谦恭形象，为刘秀打造了良好的个人品牌。很快他得到了渔阳、上谷两郡豪族的支持，尤其是上谷太守耿况之子耿弇，就是战争史上发明"围点打援"的人。正是凭借耿弇和他的万骑精锐，在真定王刘杨的配合下，刘秀横扫河北。为了与真定王刘杨加深合作，刘秀隆重迎娶了刘杨的外甥女郭圣通。以现在人的眼光看，这可能是刘秀一生少有的污点吧，毕竟那时距离迎娶阴丽华还不到一年。

随后，刘秀斩杀更始帝派来监视他的幽州牧，与更始政权彻底决裂。又调动幽州精骑，迫降了数十万铜马农民军，声势日隆，被称为"铜马帝"。接着，刘秀派兵攻打洛阳，获胜后诸将纷纷劝进，但被刘秀以战事正酣为由拒绝，登基称帝只不过是个形式，对刘秀而言并非"刚需"。但是这个头一旦开启就无法终止，之后又是一波接着一波地劝进。其实这时皇帝这个称号对于刘秀来说根本无所谓，能够取得天下，皇位自然跑不了；取不了天下，当几天徒有虚名的皇帝又有什么用。因此他始终拒绝称帝。直到耿纯给出了一个他无法拒绝的理由，向他点明了诸将急于劝进的真正原因：就是想趁着建功立业时，赶紧封侯拜相，如果这时你不称帝封赏，恐怕士气都会受到影响。刘秀这才恍然大悟，随即登基称帝，此时距离他起兵仅仅过去3年。

随后，刘秀调遣吴汉等诸部围困洛阳的朱鲔，就是当年劝说更始帝诛杀刘縯的人。朱鲔以为刘秀不会放过他，因此坚守数月不降。进攻无果后，刘秀再一次展现出他的胸襟，说"举大事者不忌小怨"，向朱鲔保证，如果投降决不清算。朱鲔纠结许久，最终还是选择相信刘秀，遂降。好在他赌对了，刘秀履行诺言，封其为平狄将军、扶沟侯，既往不咎。之后刘秀进驻洛阳，并定都于此，史称东汉。

刘秀连朱鲔这样的杀兄仇人都可以不计前嫌，消息传开后，收取关中、平复陇西、攻略川蜀的一系列战争，最终多以受降告终。尽管过程中也有惨烈的战事，但他从未有杀降之举。

作为一名深受儒家熏陶的好学生，刘秀天然存着一颗仁者之心。他坚决抵制滥杀无辜，即便统一天下，手握生杀大权，仍然十分谨慎地运用权力。建国后他封了300多位列侯，几乎所有功臣都得以善终。甚至很多当初的敌人或仇人都在他的治下寿终正寝，这份胸怀不能不让人为之动容。

刘秀不但善待功臣，而且爱惜民力，对西域、匈奴、西南夷均采用怀柔政策，能不打则不打。用他自己的话说就是"今国无善政，灾变不息，人不自保，而复欲远事边外乎！不如息民"。因此终光武一朝，百姓休养生息，才有了光武中兴以及接下来的明章盛世。

刘秀在统一战争中始终坚持"团结一切可以团结的力量"，这其中自然包括了众多地方豪强。但到了和平时期，这些豪强开始兼并土地，以至于民不聊生，这一点刘秀要负主要责任。自己挖的坑要自己填，于是他开始丈量土地，抑制豪强，引起了豪强的强烈反弹，各地盗匪并起。面对这种挑衅，刘秀仍然保持着冷静，他采纳"以盗治盗"的建议，一方面将为首的豪族迁走，使其失去造反的土壤，同时又赐予他们田地，也算做到了仁至义尽，让他们甚至怨恨不起来。于是丈量土地得以实施，土地兼并得到抑制。

当然，刘秀自己作为读书的受益者，发展国家的时候肯定也不会落下教育，他登基后第一件事就是重兴太学，应该算是最为母校增光添彩的学生了。同时，他对谶纬之学提出改革，指出了要站在人的角度来解释图谶，这正是《周易》所提倡的人文精神，如此看来，他是真把儒家经典读透了。

临死前，刘秀在遗诏中说："我无益于百姓，后事都照孝文皇帝制度，务必俭省。刺史、二千石长吏都不要离开自己所在的城邑，不要派官员或通过驿传邮寄唁函吊唁。"言毕，这位中国历史上的仁君典范溘然长逝，享年六十二岁。晚年，他废了郭皇后，重立阴丽华为后，不知道这是不是兑现了当初对她许下的承诺。他和阴丽华所生的儿子刘庄被立为太子，并子承父志，开启了中国历史上又一个盛世——明章之治。

或许和其他皇帝惊天动地的经历相比，刘秀的作为略显平淡，但是他却取得了最好的结果。恐怕这就是老子所言的"外其身而身存，后其身而身先"的体现吧。所谓管理，其实是在管理风险。正如"上医治未病，中医治欲病，下医治已病"，能解决问题的管理者固然是合格的管理者，但能协调各方、提前规避问题的管理者才是最高明的。

《火攻篇》

科技是乘法

纵观《孙子》十三篇，这是唯一涉及技术层面的一篇，但仍然不是战场技术，而是辅助技术。《火攻篇》不只讲了火攻，也讲了水攻，这两种方式在冷兵器时代都属于高科技了。人堆得再多也是加法，而科技则是乘法，使用得当可以把优势成倍放大，可一旦使用不当，也必遭反噬，这是一柄双刃利剑，不可不慎重。

名将打仗时刻不忘回本

孙子曰：凡火攻有五，一曰火人，二曰火积，三曰火辎，四曰火库，五曰火队。行火必有因，烟火必素具。发火有时，起火有日。时者，天之燥也；日者，月在箕、壁、翼、轸也。凡此四宿者，风起之日也。

孙子说：火攻有五种方式，一是烧人马，二是烧粮草，三是烧军用物资，四是烧军械库，五是烧运输队。火攻对天气条件要求苛刻，需要谨慎选择时机。要选取一天之中最干燥的时辰，选取月亮在"箕""壁""翼""轸"四星宿位的日子，因为这些日子有更大概率起风。当然，这是古人的统计经验，在不同地区差异会比较大。

凡火攻，必因五火之变而应之。火发于内，则早应之于外。火发兵静者，待而勿攻，极其火力，可从而从之，不可从而止。火可发于外，无待于内，以时发之。火发上风，无攻下风。昼风久，夜风止。凡军必知有五火之变，以数守之。

火攻只是辅助手段，战争的结果还是取决于人。火不受控制，所以只能是人根据火势随机应变。如果在敌军营中放火，那么要及早发援兵在营外策应。

如果营内起火，但敌人并不慌乱，我则要静待时机，不着急进攻。待火势形成，分析局势，能攻则攻，不能攻就不要乱攻。如果是在敌军营外放火，那么不需要内应，可控性较高，选择合适的时机放火即可。在上风放火，不要从下风进攻。白天一直刮风，晚上风就会停。主将必须了解以上五种火攻方式，实施时也必须遵循客观规律。

故以火佐攻者明，以水佐攻者强。水可以绝，不可以夺。夫战胜攻取，而不修其功者凶，命曰费留。故曰：明主虑之，良将修之。非利不动，非得不用，非危不战。主不可以怒而兴师，将不可以愠而致战；合于利而动，不合于利而止。怒可以复喜，愠可以复悦；亡国不可以复存，死者不可以复生。故明君慎之，良将警之，此安国全军之道也。

以火攻作为辅助手段是高明之举，以水攻辅助也可以加强攻势。水攻可以破坏防御工事，打乱阵型，切断敌军补给，但却不能像火攻一样，战胜敌人并夺取敌人土地和城池为我所用。因为大水会破坏城池与田地，而只是一味破坏并不能获取利益，最后就成了费力不讨好。所以水攻只是强，却未必明智。

打了胜仗，占领了城池，如果不能及时建设巩固胜利成果，那就是白费劲，留下一堆烂摊子还不如不占。因此，战后重建是明主和良将不得不考虑的问题。如果不是为了获取利益就不要动兵，如果没有必胜把握也不要用兵，不到万不得已不要发动战争。君主不能因一己之怒而兴师动众，主将不能因一己之愤而贸然出战。任何行动必须符合国家长远利益，否则必须马上终止。怒不了多久没准又开心了，气不了多久没准又高兴了，人的情绪来得快走得也快。然而，一旦国家灭亡了可就没那么容易复存了，人死也不能复生。对于战争，明君不得不谨慎对待，良将不得不高度警惕，这才是安国全军的根本。

这一点在新成立的公司体现得尤为明显。很多公司为了做大基盘会大量投放广告，竞争对手之间大打广告战。然而发展速度过快会导致平台建设跟不上，服务质量无法保证，盘子越大反而用户体验越差，用户体验越差投诉事件就越多。如果控制不好，发展越快反而牌子砸得越快。广告就像水攻，是乘法，可以将基数成倍放大。可一旦基数变成了负数，自然也会被成倍放大，甚至可能一夜之间让公司轰然倒塌。因此，扩大规模不可盲目，出于长远考虑，把产品做扎实才是基础，辅助手段再高明也替代不了基础建设，千万不可本末倒置。

最适合普通人学习的名将

前面讲到的名将，不论是杀神白起，还是兵仙韩信，抑或 16 岁就带兵冲锋的李世民等，多少都有些天赋异禀，普通人只有仰望的份，想学根本无从下手。但是下面要讲的这位就不同了，他终身不犯险，可以说把战争"基本功"练到了极致，即便在国弱兵疲的情况下，依旧打得对方不敢出城应战，堪称教科书式名将。

他就是：诸葛亮。历史上真实的诸葛亮跟小说里"多智而近妖"的形象几乎完全相反，倒是很符合曾国藩所说"结硬寨，打呆仗"，不论是施政还是用兵，如果用一个字来形容，那就是"稳"，这恰恰就是《孙子》所云"立于不败之地，而不失敌之败"。

诸葛亮初出茅庐时亮点只有一个，那就是三分天下的《隆中对》。而且《隆中对》也不是当时就火了，指点江山谁不会呀，重点在于后来诸葛亮真的不忘初心把它实现了，大家才马后炮般回过味儿来，发现当初人家说得对。《隆中对》这种东西在当时绝不只诸葛亮聊过，魏晋流行清谈，就是一群读书人无所事事，聚在一块谈天说地，议论国家大事，就跟今天大家喜欢在网上讨论国际时事一个道理。

既然大家平时都在聊，刘备为什么不信别人，偏偏就信诸葛亮呢？首先，他相信的是诸葛亮这个人，一是因为相信诸葛亮的人品，二是相信他的能力。有了这两点做基础，他才进而相信诸葛亮说的话。正如可靠的产品经理才能做出成功的项目，否则都会被视作坑蒙拐骗。那么他为什么相信诸葛亮的人品和能力呢？俗话说，物以类聚，人以群分，徐庶是诸葛亮的朋友，他的水平刘备是知道的，他向刘备极力推荐诸葛亮，这就在刘备心里留下了烙印。后来，刘备又求荆州大名士司马徽推荐人才，他同样也推荐诸葛亮。至此，诸葛亮已经在未来主公的心里拥有了强大的"背书"，这才有了后来的三顾茅庐。这段佳话甚至成了所有读书人心中的童话。诸葛亮成了读书人的偶像，哪个读书人不想被明主三顾茅庐呢？可以说，诸葛亮当时把"向上管理"做到了极致。并不是说他耍心眼拿捏刘备，而是因为这种欲扬先抑的策略十分有必要。想做大事，前路必定无迹可寻，如果有现成的路也轮不到咱，早被捷足先登的人占得满满当当了。因此，成大事者只能是"因为相信，所以看到"，而不能反过来"看到了才相信"。

诸葛亮之所以敢让刘备愿者上钩，而不怕刘备转身跑了，是有底气的。因为他把问题看透了，进可攻退可守。进，如果刘备完全相信他，那就值得出山为匡扶汉室开个好头。退，如果刘备不相信他，那么刘备匡扶汉室的初心就没有其嘴上说得那么坚定，二者没有缘分，自己也没必要出山。这条鱼不是他想要的，跑也就跑了，自己又没什么损失。三顾茅庐既是他对刘备决心的试探，也是他为自己三分天下大战略打下的基础。如果你是刘备，被人家吊了三次胃口，好不容易才终于见上一面，然后问人家天下大计，人家给你分析得头头是道，你会不相信？当然了，对于刘备来说，相信诸葛亮的"三分天下"也不亏，毕竟在这之前，刘备像只丧家之犬，东躲西藏，没有方向，正是诸葛亮给了其一个方向。道路千万条，不辨方向地乱走，走来走去就只能原地打转。而有了方向，就算走得再慢，只要坚定走下去，也能走出个黑白。所以于刘备而言，具体向什么方向走倒在其次，最关键的是要有一个方向，能让自己坚定走下去的方向。所以两个人一拍即合。

历史上的诸葛亮跟小说里面奇谋妙计的形象截然相反，是个极其谨慎、从不冒险的人。草船借箭、空城计、借东风、七星阵这些玄玄乎乎的玩意，其实他一样都没干过。甚至可以说诸葛亮并不擅长现场指挥作战，你看他打的所有仗，既无大胜也无大败，行军布阵都是堂堂正正，战争过程也是乏味平淡。那为什么他能跻身"武庙十哲"呢？因为他在中国战争史上开创了一个流派，这个流派叫"科技流"。凭借连弩、八阵图这些发明，诸葛亮把以步制骑发挥到了极致，以至于北伐时魏国的骑兵没办法跟汉军正面野战，因为打不过。不是一次两次打不过，而是从来没打赢过。不但打不过，还一点办法都没有，根本看不到希望。

诸葛亮如果放到现在妥妥是个理工男，而且还是涉猎甚广，研究什么都能钻进去，在各个领域都可以成为相当高水平的"极客"。音乐、绘画、书法、文学方面他都有很高的造诣，但这不代表人家不务正业，毕竟还要政治军事两手抓。这种人通常个人能力非常强，而且目标清晰，做人简简单单、清清白白，能够做到大公无私，所以很容易就会成为周围人的偶像。他搞政治也很简单，刘备定下了匡扶汉室的使命，两人一块定了三分天下、联吴抗曹的战略，剩下就是发展经济、建设军队、出兵北伐，始终围绕这几个目标转，基本没出过什么幺蛾子。三国时期，但凡跟诸葛亮接触过的人，没一个人说他不好。更难得的是这不是因为权力，而全靠个人魅力。诸葛亮惩罚过廖立、李严，但是这两位在诸葛亮去世时痛哭流涕，根本不记仇；黄权叛逃到了曹魏，但是仍然逢人就夸诸葛丞相，曹魏阵营的人不仅不觉得他没眼力见，还觉得他说得蛮有道理，因为在曹魏也有很多诸葛亮的粉丝，你甚至想象不到，连司马懿这种官方盖戳的死对头私下里都是诸葛亮的粉丝。这边是严阵以待的两军对垒，那边两人却惺惺相惜，书信往来不断，司马懿甚至看上去还有点八卦，经常问诸葛亮对这个人那个人的看法，俨然就是一个小迷弟。如果不是后来司马懿风评太差，这段历史很可能会成为千古佳话。

蜀地人口短缺，又没有战马，如何利用有限的资源获得最大收益就成了诸葛亮关注的重点。所以诸葛亮用兵，大部分精力都花在了治军上。怎么治军？就是通过反复打磨他的"八阵图"。八阵图其实并没有小说里吹得那么玄乎，本质只是一种步兵阵法，外围有八个方阵围成一圈拱卫中军，所以称为"八阵"。这种阵法最早也不是诸葛亮发明的，所谓阵法无非就是"方圆曲直锐"五种，排布成外方内圆也不是什么新鲜事。那为什么只有诸葛亮的八阵图这么出名呢？具体细节现在已经不可考，但可以知道的是诸葛亮将原有五人的最小单位调整为七人，这增加的两人很可能就是新兵种，一个是连弩兵，另一个则是车兵。当然更关键的是兵种配合，以及阵型演练，我估计后世之所以把八阵图传得那么神，很可能就是当时曹魏看人家这阵型实在太严整了，打也打不过，甚至根本无从下手，于是在心理作用驱使下把它神话了。其实哪有什么"神鬼莫测"，人家只是把场外功夫做到了极致，上了场当然就成了碾压。

作为管理者，如果能在淡季沉下心来培训团队，打磨流程，练好内功，那么当旺季到来，你也可以像诸葛亮一样轻摇羽扇，谈笑间业绩扶摇直上吧。所以说，诸葛亮才是那个最值得管理者学习的人，学的不是什么"神鬼莫测"，恰恰相反，学的应该是"鞠躬尽瘁"。

《用间篇》

顶级名将对决靠的是信息差

战争是政治的延伸，当政治手段无法达到目的，战争这种极端形式才粉墨登场。但即便战争爆发，斗争的形式变了，内容却没有变，各方追求的依旧是原本的政治目的。所以战争从来都不是沙场上的刀光剑影，更是战场外的尔虞我诈。其中，摆在明面上的叫"外交"，藏在桌子下的叫"谍战"。不论外交还是谍战，最终都是为政治目的服务，也就是拉拢大多数，打击极少数。而所谓大多数，不仅要从己方拉拢，更要从敌方拉拢，谁都不是铁板一块，分而化之，团结一切可以团结的力量，其威力甚至远在战争之上。在绝对的信息差面前，一切努力都是徒劳，你闭卷答题，永远考不过人家开卷照抄标准答案。如何获取信息差优势，答案就在《用间篇》。

信息差就是生产力

孙子曰：凡兴师十万，出征千里，百姓之费，公家之奉，日费千金；内外骚动，怠于道路，不得操事者，七十万家。相守数年，以争一日之胜，而爱爵禄百金，不知敌之情者，不仁之至也，非人之将也，非主之佐也，非胜之主也。故明君贤将，所以动而胜人，成功出于众者，先知也。先知者，不可取于鬼神，不可象于事，不可验于度，必取于人，知敌之情者也。

孙子说：兴师十万，出征千里，国人的耗费，国家的开支，每天消耗千金；国家内外骚动，民夫长途跋涉疲倦不堪，农业生产停滞，受影响的达到七十万家。如此相持数年，就是为了一朝取胜。花了这么多钱，如果因为吝啬一点儿小钱而不肯花重金探明敌情，以至于不能了解敌情，就是极度不仁。这样的人不配做主将，不配辅佐君主，也不可能取胜。明君贤将之所以百战百胜功绩远超常人，就是因为预先了解敌情。要怎么预先了解敌情？当然不能靠鬼神，也不可以简单地通过表面现象推测，甚至不能单纯依靠数据推算，必须通过间谍从敌人内部获取一手信息。

故用间有五：有因间，有内间，有反间，有死间，有生间。五间俱起，莫知其道，是谓神纪，人君之宝也。因间者，因其乡人而用之。

内间者，因其官人而用之。反间者，因其敌间而用之。死间者，为诳事于外，令吾间知之，而传于敌间也。生间者，反报也。

间谍有五种，"因间""内间""反间""死间""生间"。五种间谍同时起用，可以使敌人眼花缭乱，根本摸不着头脑，这就是神鬼莫测的用间之法，是人君克敌制胜之宝。"因间"是将敌国普通民众发展为间谍；"内间"是将敌军内部人员发展为间谍；"反间"是策反敌方安插在我方的间谍，让他为我所用；"死间"是携带假情报，以身犯险前往敌营，引诱敌人上当的间谍；"生间"是去敌营刺探情报并能活着带回来的间谍。

故三军之事，莫亲于间，赏莫厚于间，事莫密于间。非圣智不能用间，非仁义不能使间，非微妙不能得间之实。微哉！微哉！无所不用间也。间事未发，而先闻者，间与所告者皆死。

因此，在军队的所有人中，对于将领而言没有比间谍更亲近的人，没有比间谍更需要重赏的人，没有比间谍信息更机密的信息。非大智慧无法运用间谍，非仁义无法驱使间谍，不够谨慎无法有效运用间谍。运用间谍是千头万绪又细致入微的工作，因为间谍可以无孔不入。如果间谍还没有开始行动就已经被发现，那么间谍与知情者都必须死。

凡军之所欲击，城之所欲攻，人之所欲杀，必先知其守将、左右、谒者、门者、舍人之姓名，令吾间必索知之。

攻击敌人之前，攻占城池之前，刺杀敌方大人物之前，必须先打探清楚守将及其左右、机要人员、护卫以及幕僚的相关情报，这些都要依靠间谍。

必索敌人之间来间我者，因而利之，导而舍之，故反间可得而用也。因是而知之，故乡间、内间可得而使也；因是而知之，故死间为诳事，可使告敌；因是而知之，故生间可使如期。五间之事，主必知之，知之必在于反间，故反间不可不厚也。

同时必须获取敌方间谍信息，晓之以理、动之以情、诱之以利，将他转化为"反间"为我所用。有了"反间"就可以获取敌情，了解了敌情就可以培植"因间"（即"乡间"）和"内间"；了解了敌情，就可以使用"死间"诱导敌人；了解了敌情，"生间"就可以规避风险带回情报。对五种间谍君主必须了如指掌，而其中关键恰恰在于"反间"，所以不可不厚待"反间"。

昔殷之兴也，伊挚在夏；周之兴也，吕牙在殷。故惟明君贤将，能以上智为间者，必成大功。此兵之要，三军之所恃而动也。

殷的兴起就是因为将重臣伊尹安插进了夏；周的兴起就是因为将重臣姜子牙安插进了殷。如此看来，只要明君贤将将上等智慧之人培植为间谍，必成大功。间谍是用兵的关键所在，是三军的耳目，正是有了他们的情报三军才能有针对性地采取行动。

之所以会爆发战争，就是因为双方信息不充分，无法通过信息判定胜负，所以才要牺牲那么多人命去决出最终的胜者。反过来看，一旦信息充分了，那么这个仗也就不用打了，或者必胜，或者必败，总之胜负已分。所以，从第一篇《始计》开始，孙子就在教我们获取信息，利用信息，知己知彼，取得胜利。

但有一个问题，不论是始计、作战、谋攻、军形、兵势、虚实、军争、九变、行军、地形、九地，还是火攻，孙子只讲了如何获取和利用己方信息，做到"己之不可胜"，这些都是一手信息。但是对于敌人，我们只能通过他们的种种表现来推断，获得的都是二手信息。

二手信息有什么问题呢？因为环境太过复杂，二手信息往往不准确，甚至与实际情况背道而驰。还有很多时候就是敌人散布的假情报，信了就进了人家的圈套。那么如何获取敌人的一手信息呢？答案就是用间。

用间是说用就用的吗？当然不是，间谍可是刀口舔血的工作，每天面临着各种威胁，不只是死亡和酷刑，还有他人的不理解甚至唾弃。在精神和肉体的双重折磨下，他们却身负着决定成败的重任，可想而知，间谍是多么非人的工作。

那么为什么有人愿意去做这种非人的工作呢？

仅仅物质利益恐怕不足以触动他们，换作是你，你也不会为了荣华富贵而接受这种工作吧？所以重赏厚待只是最基本的，更关键的还要靠统帅的精神感召。所以孙子才说，如果不是大智慧，不是仁义之士，不可能运用好间谍，因为人家根本不会为你卖命。

有了物质奖励和精神感召就够了吗？

当然还不够，间谍最大的需求是生存，而生存靠的正是统帅的周密安排。如果不将预案做到算无遗策，人家看了都觉得没有成功希望，谁还会去做间谍呢？

间谍是一种极端存在，极端的风险对应着极端的收益，所以也就需要统帅拥有极端的能力，极端的人格魅力，并且必须动用极端的资源。推而广之，不光是间谍，领导任何团队，想要让人才为我所用，所需要的不也是个人能力、人格魅力和手里的资源吗？

不见血的战争对决

好卧底都靠野路子

很多人电视剧看多了可能会有一个疑问,为什么间谍被抓住之后,不论敌人如何严刑拷打,就是得不到半点消息,审问就这么难吗?你别说,这还真是门技术活。我们接下来就还原一下审问场景,假设我是审问者,你是被抓获的间谍,我们来看看这场拉锯要经历一个怎样的过程。

审问是一场博弈,为了简化过程,假设我是一个理性的、不犯错误的、没有夹带私人感情的审讯官,并且有可能已经获得了部分有价值的信息,不然我也不会精准地从茫茫人海里提溜出一个人就随便开始审。但同时,我也没有表面上看起来那么云淡风轻,因为我心里清楚,在这场审讯中我并非唯一决策者,背后会有很多上级,他们每个人的假设、理性能力,甚至目的都不相同。

同样,你也不是孤零零的一个人(暴露的一瞬间就被组织认定为弃子的情况另说),你的背后也有强大的组织支撑,他们会在外围想尽一切办法救你、捞你,抓住各种机会渗透进我的组织,甚至我的决策层里可能就有你们的人。此外,虽然你被捕,看似劣势,但形势却未必是我占优。因为你不怕耗,耗得时间越长,我能从你这获取的价值越少。如果你能拖一年再让我得到信息,那这个信息就基本已经毫无价值,我的职位也算做到头了。更重要的是,信息在你脑子里,对我来说完全就是个盲盒,我既不知道到底有没有这信息,你到底是不是真的知道，也不知道这消息需要以什么方式呈现，你招供出来的东西到底是真是假，就算你说了，我也还得想办法验证真伪。

在以上假设的基础上，我们开始推演审问过程。

作为审问者，我首先要摸清的是，你到底是不是卧底。虽然表面上我志得意满，但实际上内心远比你要慌张。你很自信，因为你知道我的时间有限，没法和你持久地耗下去，也明白我一定还没有完全确认你的身份。因为一旦有证据能确定你的身份，我早甩出来告诉你不用装了，进行下一个环节。但我没有这样做，唯一的可能就是，我其实拿不准自己抓没抓对人，只好先用严刑逼供吓唬你，希望通过这种手段获取更多信息。

既然如此，你现在的博弈目标就明确了，最好能让我排除你的嫌疑，实在不行至少也多创造几个模糊选项，让我不敢确定谁是卧底。这是不是有点剧本杀那味儿了？而且既然你能想到这个需求，你背后的组织肯定也早早就做好了准备，一旦卧底被捕就会触发某个"开关"，预案就会自动启动，比如自动浮现出一个准备好的替罪羊，或者突然跳出来一个早就安插好的上级暗桩帮助你洗清身份。而且大多时候，我的抓捕也不可能那么精准，因为彼此都精明得像成精的狐狸，棋逢对手，谁也不可能碾压对方。所以，要抓通常会抓很多人。既然嫌疑人多，那么没经过训练的人承受能力更弱，他们一定最先被屈打成招。但不幸的是，我也不能随便屈打成招一个就收工大吉，还需要一一仔细辨认，如果发现这不是我要找的人，审问就还得继续。

如果预案一时无法奏效，那你就可以利用上面一点，把自己伪装成路人混进屈打成招的队伍隐藏起来。当然，这一招发挥空间很大，详见历史上各种装疯卖傻的典故，但也非常考验演技。最大的难度在于，你被关起来以后丧失了很多信息来源，对审问进展一无所知，只能根据蛛丝马迹来判断自己应该何时开演、演什么人设。而且一旦开演，就不能变换人设，否则容易露馅；也不能一直不开演，否则几轮下来，我发现居然只你能熬得住反复审讯拷打，这种钢铁般的意志没点身份实在说不过去，一样容易暴露。

与此同时，你的组织也会抓紧每一分钟开始活动、积极营救，疏通各种关系、贿赂我和我的上级。所以越拖到后来，我的压力就越大。真等到跟我领导的七大姑八大姨攀上关系，领导就会过来给我施加压力，如果没有确凿证据就得赶紧放人，否则日子没法过不说，还可能得罪很多人。最后，我只能咬着后槽牙打开大门，愤恨地看着你扬长而去。

确认身份是博弈的最激烈阶段，万一因为种种原因被确认身份怎么办？这时，你就要调整目标了，不说情报必死无疑，说了还是必死无疑，想活命，唯一的选择就是保留自己的价值，转做双面间谍。专业卧底玩这一手自然也熟练得很，他们也会预先布置一些专门用来出卖的情报，以便转作双面间谍时用来做投名状，甚至有时还要不惜牺牲一些低级别间谍。这种双面间谍在历史上就有不少，只不过这些事迹没法写入正史，因为实在没法给这些双面间谍定位。

以上是极度简化的审问，现实中的因素远比这要复杂得多。任何一个人都不是一个简单的个体，都会有父母兄弟，亲朋好友，背后都有着一张复杂的人际关系网。想对付一个人，就要做好对付他背后整个关系网的准备，置人于死地的人大概率也很难全身而退。所以一个人为了什么才会置安危于不顾？恐怕只有为了使命，这就是孙子所说的"道胜"。

两国交战为啥不斩来使

我们说战争是政治的延续，唯一目的是获取利益，而不是杀人。谍战比枪林弹雨的战场更残酷，甚至冤冤相报，死伤无算，比战争更极端。在这两种形式之外，人们显然需要一种相对温和的形式处理争端，这种形式就是"外交"。

我们之前讲过，打仗不是两拨人，光着膀子，拿着砍刀，一声招呼就冲上去互砍，砍到最后一个为止。历史上从来没有只打不谈的战争。大汉与匈奴、大唐与突厥、宋辽、宋金、宋蒙、明灭元、清灭明，即便这些灭国之战，双方之间也从未断了联系。甚至可以说，双方绝大部分时间并不是在厮杀，而是在彼此试探，但凡形势变化，就要坐下来谈一谈。为什么要谈？因为这是获取利益成本最低的方式。且不说战争要花多少钱，就算豁出去花钱，风险成本总还是有的吧？既然双方走到了战争阶段，那就说明大家都有获胜希望，反过来看，也就是双方都有失败可能。如果一方稳操胜券，这仗也就不用打了，靠威慑也能让对方俯首称臣。既然都有失败可能，双方自然都不想承担风险，所以能不打就不打，只要不打就不会败，不然史书上留下一笔"战败"也怪难看的，所以永远优先谈判。

"两国交战，不斩来使"，直白点说就叫"做人留一线，日后好相见"。否则你把来使斩了，大家还怎么谈？这个斩了，下次人家还敢派管事的来吗？管事的不来还谈什么？这就是为什么孙子一再强调，"主不可以怒而兴师，将不可以愠而致战"，做君主的不能因为自己的一时之怒而决定开战，做将领的不能因为自己的一时之怒而引发战争。清末慈禧太后一口气向十一个国家宣战，霸气吧，威武吧？之后结果如何呢？战争不是小流氓打架，而是智者的极限拉扯。

将军可以不搞政治，但不能不懂政治

小时候读到《鸿门宴》时，脑子里冒出一堆问号，鸿门是项羽的地盘，如果在自己的地盘真想杀刘邦，最后怎么还能让他跑了？就算刘邦跑了，张良不还是留下了，怎么他也能全身而退？范增那么确定刘邦将来是大敌，事后为啥不派兵追击，直接以绝后患？说实话，《鸿门宴》倒是个好故事，但是纰漏太多，实在禁不起推敲。我估计太史公应该是隐去了很多不可描述之事，结果就是看起来项羽各种作死，拉都拉不住，而高祖刘邦则是各种主角光环，最后"天命所归"。

例如项伯这个关键人物，鸿门宴前夕刘邦项羽两军对垒，正是蓄势待发、风声鹤唳的时候，说不准有个士兵一时内急找错了厕所都会成为战事的导火索。这位半夜跑去敌营，是怎么毫发无伤进入刘邦地盘的？又是怎么找到核心人物张良的？然后张良还一点儿也不提防地拉着他去见刘邦。一顿大酒后项伯回去见项羽，本来明天就打仗，这下好，直接改成宴请了，简直匪夷所思。再说刘邦硬着头皮赶赴鸿门宴，范增作为项羽亚父，又是头号谋士，一门心思要刘邦的命，结果刘邦到了他的地盘，他却只想出个"项庄舞剑，意在沛公"的馊主意。最后还让刘邦拍拍屁股就走了。这合理吗？

如此多的疑点无法解释，我们有理由猜测，鸿门宴其实根本不是一场外交，而是一场谍战。在给出结论之前，我们要预设一个大前提，那就是太史公不会说假话，这是史家操守，毋庸置疑。因此，接下来我们以太史公所言为事实依据，变换一下角度，看看这个故事究竟是如何发展的。

刘邦和项羽分兵攻秦，义帝当众许诺，"先入咸阳者王之"。于是刘邦率兵来到函谷关下，买通了守将，率先入关，子婴投降。按照义帝的许诺，此时刘邦就应该是关中王了。再看项羽这边，出兵的时候，宋义是一把手，项羽只是二把手。既没有独当一面的经历，军中威望也并不高。此外还有个关键，范增是这支军队的三把手。如果范增是项羽的人，那义帝岂不是把自己亲自扶植的宋义架在火上烤了？那就只有一种可能，范增不是项羽的人。那他是谁的人？范增是项羽叔叔项梁主政时加入队伍的，"尊楚"就是他来之后提出的政治主张，换句话说，义帝就是因为范增才被推上了帝位。当时义军结构散乱，范增又是军中几乎唯一的脑子，他强力主张义帝，义帝会跟他没有联系吗？项梁死后，权力真空，此时如果义帝想建立自己的势力，唯一能依靠的恐怕也只有范增了。所以我们可以合理推测，范增是义帝的人。等到项羽出征时，安排范增作为三把手，很可能就是让他跟宋义一块制衡项羽。

那为什么项羽尊范增为亚父，看起来好得跟一家人似的？因为项梁和范增是政治盟友，范增想要继承项梁的政治遗产，尊义帝兴楚。而项羽显然另有打算，他想自立，只是苦于威望实在不够，所以只能暂时委曲求全，跟这位亚父联盟。后来项羽杀宋义，然后破釜沉舟，毕其功于一役，威望瞬间如日中天，以他后来的表现看，大有得志便猖狂的架势，很快便显露出想要自立为霸王的野心，不再把义帝当回事，范增和项羽的裂痕正在逐渐扩大。

范增为什么想杀刘邦？太史公的说法是因为看出来刘邦有帝王之相，这就完全是事后才补充的说法了。当时韩信还在项羽那里，张良还在韩王那里，萧何更是还没有显山露水的机会。缺了这三位，你让刘邦拿什么定江山？所以，这话只是随便找了个借口而已。他之所以要撺掇项羽杀刘邦，唯一的可能就是为了义帝。虽然当时的刘邦论实力可有可无，但是他拿下了咸阳，按理说应该"王关中"。如果项羽把刘邦杀了，那就是明目张胆地背信弃义，内部对他会产生极大的政治压力。如果再联合外部诸侯，范增很有可能夺了项羽军权。不仅如此，项家内部也不是铁板一块，比如项庄就是跟范增一伙的，如果想要继承项梁的名声，他完全可以在项家找个听话的上位做傀儡。

但项羽也不傻，他知道自己现在几斤几两，所以范增这个"反串黑"还忽悠不了他。从这个角度来看鸿门宴是一次极高明的政治运作，项羽表面顺着亚父，给足了面子，让他想发作却找不到借口。再派项伯与张良私下运作鸿门宴，然后既不用杀刘邦背上不义的骂名，又可以通过喝大酒敲山震虎，把刘邦收拾得服服帖帖，让大家看看，谁才是真正霸主，可谓一举两得。从之后的分封也足以看出项羽的政治手腕，他把刘邦封在汉中兼有巴蜀。其实就是说得好听，巴蜀是独立的地理单元，你让刘邦管，当地人听吗？所以，刘邦最多也就是驻军在汉中。就算在汉中他一样是外来户，强龙不压地头蛇，能混得开都怪了。结果就是没待多久，刘邦手底下人跑得不剩几个，他差点以为萧何都跑了，还好是追韩信去了。

不过刘邦也确实有帝王的运气，萧何月下追韩信这种千古佳话，都让他碰上。韩信就更不用说了，直接给了他一段丰富多彩的人生，一路打来全是神仙仗。所以鸿门宴究竟是谁救了刘邦？其实刘邦只是配角，主角是人家项羽和范增。最终项羽在用间上技高一筹，使得范增的离间计落空，他本人也从此消失在历史之中。

虽然不鼓励办公室政治，但毕竟有人的地方就有江湖，作为管理者可以尽可能做到简单，但这不代表就可以置身事外。就算团队简单，并行部门也未必简单，就算公司内部简单，客户也未必简单。将军可以不主动搞政治，但不能不懂政治，而只有比这些搞斗争的人还清楚这些弯弯绕绕，他们才不敢搞什么拉帮结派明里一套暗地一套。"以斗争求和平则和平存，以妥协求和平则和平亡"正是这个道理。

《孙子》简明十三条

1. 任何一场战争，不管最终决定打还是不打，第一步永远都是"讨论预算"，做管理同理。

2. 把准备工作当作战斗，战斗时方能从容不迫。放到管理中，淡季不带领团队分析数据，迭代流程，把内功练好，旺季就别想出业绩。

3. 《孙子》的精髓就是极致的"功利主义"，能不打就不打，战胜不是目的，获利才是。管理的目的也是。管理者做任何事之前都要问自己一个问题，那就是"为什么要做"，想清楚目的，很多难题自然迎刃而解。

4. 敌我双方较量，我们只能控制自己，却控制不了敌方。管理者永远需要问自己一个问题，"我要如何做"，而不是期待天上掉馅饼，或别人帮你解决你自己的问题。

5. 两军对垒时，布局的目的就是不断积累微小优势，等到时机成熟再全力出击，一击毙敌。做管理要耐得住寂寞，不以善小而不为，围绕着一个基础不断迭代优化，有一天量变引起质变，水到渠成自然会爆发。

6. 不断地给对手挖陷阱，不断地引诱他落入陷阱，从而不断地积累优势。管理要把目标放长远，对手按照1年规划，你按10年，对他就是降维打击。

7. 抓住有限的几个抓手，将对手拖入到自己的节奏中来，打乱对方原有节奏，我按部就班，敌疲于奔命，至此胜负已定。制定计划时充分考虑对手的计划，永远先它一小步，哪怕抢先开口说句话，都能占据主动，把别人拉进我们的节奏。

8. 地缘因素、博弈因素、心理因素，利用一切因素获取胜利，这才是一个管理者的权力来源。

9. "胜负在场外"。管理如同绣花，团队是手指，脑子让他怎么绣就怎么绣，这个脑子就是你。脑子想不到的，别指望手指自己替你想着。

10. 战场选择不只包含地形因素，同样也包含了人的因素。越接近战斗细节就越多，每一个微小细节都可能对战争走向产生致命影响，而所谓名将，必是孜孜不倦钻研迭代的那些人，管理也是一个道理。

11. 地形侧重于自然形成的地貌地形因素，地缘侧重于人为形成的国境、城邑、兵力部署等因素。管理就是要团结大多数，把"你""我"变成"咱们"，然后一起对付"他"。

12. 不论火攻还是水攻，占有土地是为了利益，是为了回本，而不是为了战绩这种虚名。管理追求的是长期收益，短期的亮眼数据反而带来长期损失就得不偿失了。

13. 获得信息差靠间谍。如何让间谍效死力？给钱，给资源，更重要的是让他们彻底理解要去完成的是一个多么伟大的使命。管理者想要在团队中培养独当一面的人才，也要遵循相同道理。